Доклады
Независимых
Авторов

Периодическое многопрофильное научно-техническое издание

Выпуск №12

Россия - Израиль
2009

The Papers of independent Authors

(volume 12, in Russian)

Russia - Israel
2009

Отправлено в печать **15.05.2009**

Напечатано в США, Lulu Inc., каталожный № **7157429**

ISBN 978-0-557-07401-3

Сайт со сведениями для автора - http://dna.izdatelstwo.com

Контактная информация - publisher-dna@hotmail.com

Факс: ++972-8-8691348

Адрес: POB 15302, Bene-Ayish, Israel, 60860

Форма ссылки: *Автор. Статья*, «Доклады независимых авторов», изд. «DNA», Россия-Израиль, 2009, вып. 12, printed in USA, Lulu Inc., ID 7157429, ISBN 978-0-557-07401-3

> Истина – дочь времени, а не авторитета.
> **Френсис Бэкон**

> Каждый человек имеет право на свободу убеждений и на свободное выражение их; это право включает свободу беспрепятственно придерживаться своих убеждений и свободу искать, получать и распространять информацию и идеи любыми средствами и независимо от государственных границ.
> **Организация Объединенных Наций.**
> **Всеобщая декларация прав человека. Статья 19**

От издателя

"Доклады независимых авторов" - многопрофильный научно-технический печатный журнал на русском языке. Журнал принимает статьи к публикации из России, стран СНГ, Израиля, США, Канады и других стран. При этом соблюдаются следующие правила:

1) статьи не рецензируются и издательство не отвечает за содержание и стиль публикаций,
2) автор оплачивает публикацию,
3) журнал регистрируется в международном классификаторе книг ISBN, передается и регистрируется в основных библиотеках России, библиотеке Конгресса США, национальной и университетской библиотеке Израиля,
4) приоритет и авторские права автора статьи обеспечиваются регистрацией журнала в ISBN,
5) коммерческие права автора статьи сохраняются за автором,
6) журнал издается в США,
7) журнал продается в интернете и в тех магазинах, которые решат его приобрести, пользуясь указанным международным классификатором.

Этот журнал - для тех авторов, которые уверены в себе и не нуждаются в одобрении рецензента. Нас часто упрекают в том, что статьи не рецензируются. Но институт рецензирования не является идеальным фильтром - пропускает неудачные статьи и задерживает оригинальные работы. Не анализируя многочисленные причины этого, заметим только, что, если плохие статьи может отфильтровать сам читатель, то выдающиеся идеи могут остаться неизвестными. Поэтому мы - за то, чтобы ученые и инженеры имели право (подобно писателям и художникам) публиковаться без рецензирования и не тратить годы на "пробивание" своих идей.

Хмельник С.И.

Содержание

Серия: ФИЗИКА И АСТРОНОМИЯ

Адаев У.Ж.

Влияние гравитации на природные явления

«Наблюдайте природу и следуйте дорогой,
которую она вам указует».
Жан-Жак Руссо

Аннотация

Потоки «гравитонов» при проникновении в атмо-, гидро- и литосферу Земли незначительно отклоняют свое направления. В магнитном поле такое отклонение в потоке «гравитонов» происходит организованно. В зависимости от формы магнитного завихрения в магнитном поле Земли, поток «гравитонов» сужается или расширяется, что приводит к образованию гравитационной аномалии в определенных зонах. В результате, такие гравитационные аномалии способствуют сжатию или расширению воздуха, воды и твердой породы в некоторых зонах нашей планеты. Моментальная локализация магнитных завихрений в магнитном поле Земли приводит нормализации гравитации, что привлечет резкое расширение, либо сжатие указанных зон воды и породы. Последствием таких процессов является землетрясение, цунами и извержение вулканов. Слабое изменение плотности потока гравитации в ограниченных зонах атмосферы способствует образованию циклона или антициклона. Под воздействием гравитации повышенной плотности газы, жидкости и твердые тела меняют свои свойства, физические и биохимические процессы ускоряются. Постепенное и длительное изменение плотности потока гравитации способствует видоизменению живого организма, растений.

Содержание

Введение

Из всех явлений реального мира наиболее таинственной до сих пор остается гравитация. Вопрос о том, почему подброшенный камень падает на землю, занимает человечество на всем протяжении своего существования и не имеет однозначного ответа до сих пор. Гравитация также является пробным камнем для различных альтернативных моделей Вселенной, в которых никогда не было недостатка. И, несмотря на то, что многие физические явления в этих моделях становятся более простыми и понятными, авторы сознательно обходят толкование гравитации. Это в полной мере относится и к физической науке. В результате все привыкли к тому, что, не зная основные свойства и природу некоторых явлений, мы можем рассуждать и делать выводы о них и соответственно принимать решения.

Многие природные явления на нашей планете имеют некую закономерность, которая подчиняется неизвестной науке правиле. Человек часто не может объяснить суть и природу этих явлений, в результате ссылается на чудо сверхъестественных сил. Вместе с тем, по мере развития науки и повышения уровня знаний, человек познает тайны и истинные причины этих явлений.

Такие природные явления как, землетрясение, извержение вулкана, цунами и циклон, традиционной наукой объясняется очень просто. При этом, их механизм возникновения и силы, порождающие их, преподносятся как обычные явления, вроде простого сотрясения, возникающие в результате температурного расширения и столкновения тел. На самом деле их природа гораздо сложнее и таит в себе неизвестную грозную силу. Простой мысленный расчет объема сил этих явлений показывает присутствие колоссальной энергии, источником которой может служить только гравитация, имеющая необходимую потенциальную энергию.

Выдвигаемая в этой работе гипотеза о возможности изменения направления гравитации при проникновении в плотные вещества под влиянием магнитного поля должна в корне менять наши взгляды на природу гравитации. Именно это свойство гравитации может объяснить все природные явления, в которые входят землетрясение, извержение вулкана, цунами и циклон.

Познав основное свойства гравитации – причину изменения направления движения гравитации, в дальнейшем можно установить механизм образования природных явлений.

I. Механизм образования магнитного поля Земли

*«Существует только один бог – знание,
и только один дьявол – невежество»*
Сократ

1. Происхождение магнитного поля Земли

С XVII по XX век было проведено огромное количество наблюдений за магнитным полем Земли, в результате чего выявлены основные закономерности его поведения. Большой вклад в этом направлении внесли такие знаменитые ученые, как Халли Галлей, Александр фон Гумбольдт, Жозеф Гей-Люссак, Джеймс Максвелл, Карл Гаусс, Ганс Эрстед и Джозеф Лармор.

Особо значимо создание теории электромагнетизма Максвеллом в 70-х годах XIX века. Из его уравнений следует, что магнитное поле порождается электрическим током. Далее, отсюда вытекает эквивалентность замкнутых элементарных токов и магнитных диполей, момент которых называется также магнитным моментом тока. Складываясь, эти величины образуют, например, магнитное поле цилиндрического магнита, которое приближенно совпадает с полем соленоида той же длины и того же сечения. [18]

Необходимо найти внутри планеты токовые системы подходящей конфигурации и силы, создающие на поверхности Земли поле, структуру которого мы хорошо изучили. Установлено, что твердая оболочка Земли имеет общую толщину 35 км, далее расположена верхняя мантия со слоями силиката толщиной 400 км и фазового перехода 900 км.

Слой ниже и до уровня 5120 км обладает свойствами жидкости, так как через него не проходят поперечные сейсмические волны, в которых частицы колеблются перпендикулярно направлению распространения волны. Модуль сдвига в жидкости равен нулю, и именно поэтому внешнему ядру приписываются свойства жидкости. Внутреннее ядро с глубины 5120 км и до центра Земли (6371 км), по характеру проходящих сейсмических волн, слагается твердым веществом. Именно жидкое состояние значительной части ядра дает объяснение механизма генерации геомагнитного поля. Суть его в том, что постоянное магнитное поле Земли определяется электрическими токами, возникающими при движении проводящей жидкости в ядре. [16].

Проблема происхождения магнитного поля Земли до настоящего времени не может считаться окончательно решенной, хотя почти общепризнанной является гипотеза магнитного гидродинамо, основанная на признании существования жидкого ядро с конвективными течениями. По теории конвективного течения, жидкая мантия во внешнем ядре, под влиянием температурных процессов в центре планеты, поднимается вверх и опускается вниз и создает течение [43].

Для понятия сути процессов генерации геомагнитного поля Земли, необходимо привлечь механизм динамо. Создание магнитного поля во внешнем жидком ядре Земли происходит так же, как и в динамо-машине с самовозбуждением, где катушка проводов вращается во внешнем магнитном поле. Тогда за счет электромагнитной индукции в катушке возникает электрический ток и создает свое магнитное поле. Оно усиливает внешнее магнитное поле, а ток в катушке тоже увеличивается. Конечно, жидкое ядро планеты — это не динамо-машина. Но если в жидком проводнике возникает тепловая конвекция, то появляется некая система течений электропроводящей жидкости, что аналогично движению проводника. Когда жидкий проводник при своем относительном движении (а, оно связано с тем, что ядро вращается не с той же скоростью, что и кора) пересекает силовые линии этих полей, то в нем возникает электрический ток, создающий магнитное поле, которое усиливает внешнее затравочное поле, а это, в свою очередь, усиливает электрический ток и так далее. Процесс будет продолжаться вплоть до установления стационарного магнитного поля, когда различные динамические процессы уравновесят друг друга.

Изложенные идеи источника геомагнитного поля носят название гидромагнитного динамо и были впервые высказаны в 1919 году Джозефом Лармором в Англии для объяснения солнечного магнетизма. В середине 40-х годов Я.И.Френкель в СССР и Вальтер Эльзассер в США предположили, что тепловая конвекция в ядре — именно та причина, которая приводит в действие гидродинамо ядра Земли.

Однако теория гидромагнитного динамо (правильнее сказать, все же гипотеза, поскольку экспериментальных доказательств пока что никому получить не удалось) не столь гибка, чтобы объяснить все многообразие наблюдаемых фактов, связанных с геомагнетизмом. Здесь не место приводить ухищрения и натяжки, с помощью которых специалисты пытаются совместить несовместимое. Порой представляется более убедительной простейшая сказочная гипотеза: в глубине планеты сидит черт с рогами и крутит огромный линейный магнит, вызывая аномалии геомагнитного поля.[18]

2. Свойство магнитного поля Земли

Магнитное поле Земли описывается семью параметрами. Для измерения земного магнитного поля в любой точке, мы должны измерить направление и напряжённость поля. Параметры, описывающие направление магнитного поля: склонение D, наклонение I. D и I измеряются в градусах. Напряженность общего поля F описывается горизонтальной компонентой H, вертикальной компонентой Z и северной X и восточной Y компонентами горизонтальной напряженности. Эти компоненты могут быть измерены в Эрстедах (1 эрстед = 1 гауссу), но обычно - в нанаТеслах (1 нТ · 100 000 = 1 эрстеду). Напряженность магнитного поля Земли грубо между 25 000 - 65 000НТ (0,25-0,65 эрстеда).

Магнитное склонение - угол между магнитным и географическим полюсами. D считается положительным, если измеряемый угол восточнее географического и отрицательным, когда - западнее.

Геомагнитное поле, измеренное в любой точке земной поверхности, является совокупностью нескольких магнитных полей, генерируемых различными источниками. Эти поля накладываются и взаимодействуют друг с другом. Более чем 90% измеряемого поля генерируется внутри планеты и в земной коре. Эта часть геомагнитного поля часто называется главным магнитным полем. Главное магнитное поле изменяется медленно во времени и может быть описано такими математическими моделями как (IGRF) - международная геомагнитная рекомендуемая модель, (WMM) - Глобальная магнитная модель. Главное магнитное поле создает в межпланетной среде полость, называемую магнитосферой, где земное магнитное поле преобладает в магнитном поле солнечного ветра [43].

Магнитное поле Земли вызывает образование ионосферы и двух поясов заряженных частиц вокруг Земли. Внутренний экваториальный пояс с наибольшей плотностью частиц расположен на расстоянии около 3600 км от поверхности планеты. Он опоясывает Землю кольцом от 35° южной широты до 35° северной широты. Внешний пояс, состоящий в основном из электронов, распространяется до широт 65°. Положение в пространстве, объем и плотность частиц в нем сильно меняются, расстояние от Земли колеблется в пределах 25—50 тыс. км. Главное защитное свойство этих поясов в том, что они выполняют роль ловушек для идущих от Солнца частиц с большими энергиями. Магнитное поле, отклоняя их от направления на Землю, вовлекает в кругооборот вокруг планеты.

Замечено, что если двигаться от экватора к полюсу, то число попадающих на Землю заряженных частиц несколько возрастает (примерно на 10%). В стратосфере широтный эффект в несколько раз больше, чем на уровне моря. На верхней границе атмосферы интенсивность космических лучей в районе экватора в 5 раз меньше, чем в полярных областях. В этом сказывается отсутствие постоянных поясов заряженных частиц над полярными областями. Однако это увеличение интенсивности корпускулярного потока в приполярных районах сравнительно невелико и не представляет опасности для жизни [49].

В магнитном поле электрические частицы движутся по спирали: траектория частицы как бы навивается на цилиндр, по оси которого проходит силовая линия. Радиус этого воображаемого цилиндра зависит от напряженности поля и энергии частицы. Примерно 99% энергичных частиц, «пробивающих» магнитный экран Земли, являются космическими лучами галактического происхождения, и лишь около 1% образуется на Солнце [49].

Магнитные силовые линии Земли в среднем близки к силовым линиям некоторого диполя, отличаясь от них местными нерегулярностями, связанными с наличием намагниченных пород в коре. Магнитное поле Земли испытывает вековые изменения. Скорость и характер изменения различны в различных географических точках.

Всю область околоземного пространства, заполненную заряженными частицами, движущимися в магнитное поле Земли, называют магнитосферой. Она отделена от межпланетного пространства магнитопаузой. Вдоль магнитопаузы частицы корпускулярных потоков («солнечного ветра») обтекают магнитосферу. Еще в XVIII веке было замечено, что магнитное поле Земли может испытывать кратковременные изменения. Склонение и наклонение изменяются и колеблются иногда в течение многих часов, а потом восстанавливаются до прежнего уровня. Это явление называется магнитной бурей.

Магнитные бури часто начинаются внезапно и одновременно во всем мире. В высоких широтах во время возмущений магнитного поля наблюдаются полярные сияния. Они могут продолжаться несколько минут, но часто видимы в течение нескольких часов. Полярные сияния сильно различаются по форме, цвету и интенсивности, причем все эти характеристики иногда очень быстро меняются во времени. Спектр полярных сияний состоит из эмиссионных линий и полос.

Возмущения магнитного поля сопровождаются также нарушениями радиосвязи в полярных районах. Причиной нарушения являются изменения в ионосфере, которые означают, что во время магнитных бурь действует мощный источник ионизации. Было установлено, что сильные магнитные бури происходят при наличии вблизи центра солнечного диска больших групп пятен. Последующие наблюдения показали, что бури связаны не с самими пятнами, а с солнечными вспышками, которые появляются во время развития группы пятен. Жесткое излучение вспышки на Солнце вызывает в ионосфере резкое добавочное увеличение ионизации, сопровождающееся возникновением потоков и возмущением общего магнитного поля Земли. Во время вспышки особенно усиливается наиболее жесткий компонент рентгеновских лучей, который увеличивает ионизацию главным образом в ионосферном слое D (в 5-10 раз). Слой начинает сильно поглощать короткие радиоволны, примерно до 100 м, и отражать длинные километровые волны. Первое - приводит к замиранию радиослышимости на коротких волнах, а второе - к усилению слышимости далеких станций на длинных волнах. Корпускулярное излучение Солнца, также связанное со вспышками, вызывает магнитные бури и полярные сияния [27].

Корпускулярный поток Солнца, движущийся со скоростями в среднем около 1000 км/сек, достигает Земли, как правило, через сутки после того, как наблюдалась хромосферная вспышка. Он представляет собой быстродвижущуюся плазму, которая тормозится магнитным полем Земли, препятствующим движению ионизованного газа поперек магнитных силовых линий. В результате корпускулярный поток останавливается, деформируя при этом магнитные силовые линии, т.е. вызывая возмущения магнитного поля Земли – магнитные бури. В верхних слоях атмосферы частицы корпускулярных потоков создают дополнительную ионизацию, которая изменяет условия проникновения гравитации, и возбуждает ее аномалию.

3. Гравитация – источник вращения Земли

«Природа наделила человека стремлением к обнаружению истины»
Цицерон

В моей работе «Новые доказательства в современной теории гравитации» рассматривается гипотеза о том, что Луна вращается вокруг Земли, благодаря направленного воздействия земной гравитации. Отсюда логически вытекает закономерность вращения Земли вокруг своей оси под воздействием гравитации. Линейная скорость обращения Луны на околоземной орбите намного выше линейной скорости вращения поверхности Земли. Значит энергия космической гравитационной постоянной Земли, равной $398{,}6 \cdot 10^{12}$ м^3/сек^2, при проникновении в Землю участвует в выработке кинетической энергии, которая и создает вращательное действие нашей планеты. Но при этом, очевидно, что Земля вращается с другой скоростью.

С учетом скорости вращения поверхности Земли вокруг оси, равной **v** = 463,6 м/сек., можно вычислить **G$_o$** - остаточную гравитационную постоянную Земли (ОГП), при которой создается земное притяжение на поверхности планеты.

$$G_o = R \cdot v^2 = 6378000 \text{ м} \cdot 463,6^2 \text{ м/сек} = 1,37 \cdot 10^{12} \text{ м}^3/\text{сек}^2, \quad (1)$$

где R – радиус Земли.

Снижение космической гравитационной постоянной (КГП) до уровня остаточной гравитационной постоянной требует логичного объяснения. ОГП является остаточной гравитационной постоянной от КГП и дает основания предполагать, что с проникновением в Землю основная часть энергии космической гравитационной постоянной куда-то исчезает.

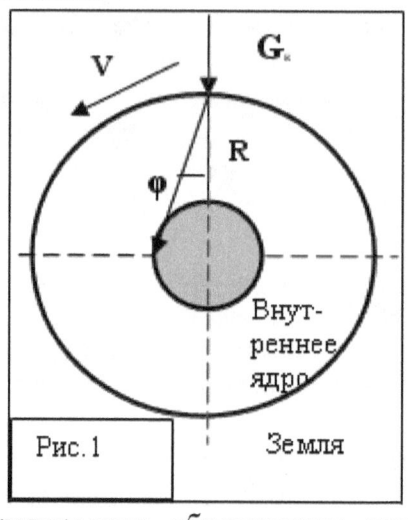

Рис.1   Земля

Единственно правильным объяснением такого понижения объема гравитационной постоянной является уменьшение скорости движения тел, на которых она оказывает влияние. Это означает, что поток гравитации, как энергия, проникая в Землю, совершает определенную работу. По закону сохранения энергии, часть земной гравитации, проникая в Землю, превращает свою энергию в кинетическую и вращает нашу планету с постоянной угловой скоростью.

С уменьшением радиуса вращения скорость вращения тел должна расти пропорционально. Однако, при вращении планеты скорость движения ее поверхности почему-то падает. Очевидно, это связано с тем, что с большой скоростью вращается только определенная часть планеты, скорость которой постепенно передается на поверхность. В таком случае, как показано на рисунке 1, известное нам внутреннее ядро планеты, имеющее диаметр 2500 км, должно вращаться с огромной скоростью, равной

$$v = \sqrt{(G_к / r)} = \sqrt{(398,6 \cdot 10^{12} \text{ м}^3/\text{сек}^2 / 1250000 \text{ м})} = 17857 \text{ м/сек},$$

при этом ядро за $T_я = 439{,}6$ сек или за 7,326 минут совершает один оборот, что на 196,54 раз быстрее периода вращения поверхности Земли.

При определении гравитации как главной движущей силой напрашивается вопрос: с чем связана такая закономерность в обращении спутников на орбите и вращении самой планеты вокруг своей оси? Анализ параметров вращения и обращения планет в солнечной системе выделяет особую роль магнитного поля в этом процессе. В результате возникает только одно предположение — гравитация строго подчиняется магнитному полю, то есть, ее носитель «гравитон» строго ориентируется в магнитном поле планеты. Если ускорение и движение планет по своей орбите непосредственно связаны с влиянием гравитации, ориентированной в магнитном поле, тогда как происходит вращение планет вокруг своей оси?

Как мы предполагали выше, гравитация при проникновении в более плотные вещества меняет свое направление. Так как, плотность породы в недрах Земли увеличивается с глубиной, изменение направления гравитации происходит по пароболической кривой. В таком случае, ориентированный и направленный под воздействием магнитного поля поток гравитации, при проникновении в тело планеты не попадает точно в его центр, а смещается немного в сторону и сконцентрируется на небольшой сферической поверхности в центральном участке. В результате, весь поток гравитации в центре большой планеты смещен от вертикальной оси. Указанный эффект оказывает вращательное воздействие центральному участку и впоследствии передается планете в целом, степень передачи которой зависит от жидкостных характеристик мантии.

Таким образом, поток гравитации, проникая в Землю, как показано на рис. 2, движется с наклоном и достигнет поверхность внутреннего ядро планеты со смещением в сторону вращения. В центральном ядре, где происходит термоядерный синтез тяжелых элементов, «гравитоны» участвуют в термоядерном процессе и превращаются в другие элементарные частицы, то есть они не пронизывают Землю насквозь. Результирующее влияние ориентированного потока гравитации оказывает вращательное воздействие внутреннему ядру Земли, что в свою очередь передается всему объему Земли. Передача большой скорости вращения внутреннего ядра через жидкую мантию происходит постепенно. Вращать всю планету способна только гравитация, которая имеет огромную и достаточную для этого энергию. Если планета не имеет собственного магнитного поля, тогда она, независимо от мощности гравитационного потока, не может вращаться вокруг собственной оси. В этом случае, гравитационный поток хаотично проникает в направлении центра планеты и создает только притяжение, то есть давление, но ни в коем случае не может оказать вращательное воздействие.

4. Влияние магнитного поля Земли на гравитацию

«Гравитон» — носители гравитации не захватываются магнитным полем Земли, однако они четко реагируют на него. При этом в зависимости от направлений электромагнитных возмущений в ионосфере и литосфере Земли, поток гравитации обладает способностью сгруппироваться или сфокусироваться.

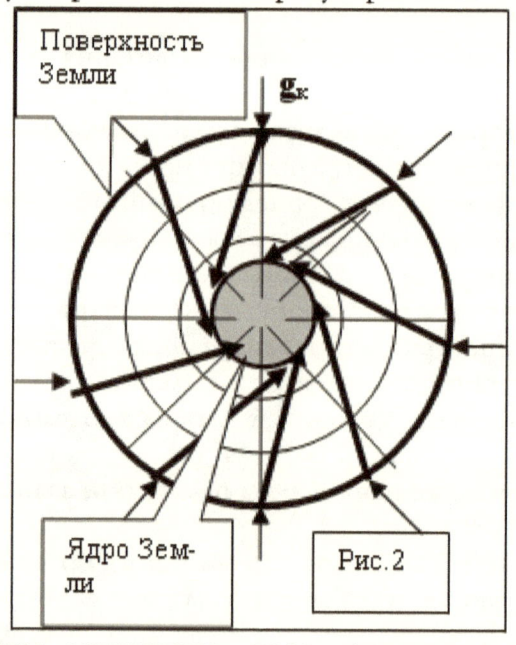

Под влиянием магнитного поля гравитация приобретает определенное свойство, то есть она становится целенаправленной и оказывает направленное воздействие. Носитель гравитации в магнитном поле ориентируется, в результате его влияние на материальное тело принимает направленный характер. Такое свойство магнитного поля хорошо видно на примере планет солнечной системы. Например, имея собственное магнитное поле, Земля вращается вокруг собственной оси, а Луна и Меркурий, и некоторые спутники планет Солнечной системы, которые не имеют собственного магнитного поля, не могут вращаться вокруг собственной оси. Венера, имеющая собственное магнитное поле с противоположными полюсами, чем другие планеты, вращается в противоположную сторону.

Несмотря на довольно значительный объем работ по исследованию эффектов влияния магнитных возмущений на процессы в магнитном поле Земли, мировой общественности мало известно об опасных последствиях сильных магнитных возмущений. Проведенный анализ свидетельствует о том, что поглощение в ионосфере в значительной степени определяется процессами, происходящими в геомагнитном поле Земли. Отмечено возможное влияние магнитных бурь на погоду и даже на изменение климата.

По моей гипотезе, которая изложена в работе «Новые доказательства в современной теории гравитации», поток гравитации вращает земное ядро со скоростью один оборот за 7,326 минут (рис.2). Такая скорость вращения через жидкую мантию передается к поверхности планеты, при этом ее скорость вращения падает до известной - один оборот за 24 часа. Перемешивание вещества во внешнем ядре, способствует образованию кольцевых электрических токов. Скорость перемещения вещества в верхней части внешнего ядра будет несколько меньше, а нижних слоев - больше относительно мантии. Подобные медленные течения вызывают формирование кольцеобразных (тороидальных) замкнутых по форме электрических полей, не выходящих за пределы мантии. Благодаря взаимодействию тороидальных электрических полей со спиралевидными течениями во внешнем ядре возникает суммарное магнитное поле дипольного характера, ось которого примерно совпадает с осью вращения Земли. Для «запуска» подобного процесса необходимо начальное, хотя бы очень слабое, магнитное поле, которое может генерироваться гиромагнитным эффектом, когда вращающееся тело намагничивается в направлении оси его вращения.

Вращение внутреннего ядра тесно взаимосвязано с наличием магнитного поля, только, что из них первично — вращение или магнитное поле, остается риторическим, как - яйцо или курица.

5. Инверсия магнитного поля Земли

В 60-х годах двадцатого века геофизики Е. Телье и С. П. Бурлацкая исследовали термонамагниченность обожженных человеком образцов глины (время обжига установлено по археологическим данным). Это позволило построить кривую изменения напряженности геомагнитного поля за последние 5000 - 10000 лет. От наших дней в глубь веков магнитное поле плавно нарастает, достигая максимума примерно в начале новой эры. В тот период оно было в 1,5 раза больше современного. Затем поле начинает убывать вплоть до IV тыс. лет до н. э. Величина магнитного поля 5000 - 6000 лет назад была в 2 раза меньше, чем в настоящее время. Если двигаться еще дальше по шкале времени, то поле вновь начнет возрастать, хотя, как отмечает С. П. Бурлацкая, для уверенных выводов данных недостаточно. Таким образом, нет сомнений в том, что основная дипольная часть магнитного поля Земли испытывает колебания, вероятно имеющие периодический характер. Возможный период изменений поля превышает 6000 лет. Следует отметить, что если максимальные значения поля замерены точно, то минимальные величины напряженности поля неизвестны [48].

С помощью палеомагнетизма удалось установить одно интересное физическое явление, сопровождающееся резким и значительным по величине уменьшением напряженности магнитного поля. Изучение магнитных свойств геологического разреза горных пород показало, что в процессе осадконакопления северный и южный магнитные полюсы менялись местами, происходила инверсия знако-магнитного поля. В некоторых геологических периодах было по несколько инверсий магнитного поля. Не менее девяти инверсий поля произошло в последний плиоцен-четвертичный отрезок геологического времени, длившийся 11 млн. лет. Последняя инверсия магнитного поля на нашей планете отмечена в начале четвертичного периода, т. е. 500-800 тыс. лет назад. Считают, что в среднем поле одного знака существует не менее 500 тыс. лет [27, 48].

В момент инверсии величина поля уменьшается до 0,3 от нормальной, а если учесть предшествующий уменьшению некоторый «скачок» его величины, то общая амплитуда уменьшения поля примерно равна его нормальной величине. Процесс инверсии магнитного поля Земли изучен лишь в первом приближении. Не исключено, что главную роль в инверсии магнитного поля играет солнечная гравитация, которая медленно оказывает смещенное влияние на ось вращения Земли. По этой причине ось вращения Земли в настоящее время находится в некотором отклонении от строгой перпендикулярной линии к плоскости орбиты Земли.

Легко понять, что органической жизнью нашей планеты наступление инверсии магнитного поля воспринималось как грандиозная катастрофа. Ведь уменьшение напряженности магнитного поля в 3 раза должно вызвать уменьшение скорости вращения планеты вокруг совей оси и пропорциональное увеличение уровня космической радиации на Земле. Уменьшение напряженности поля происходило на протяжении отрезка времени, измеряемого столетиями, в течение которых животному миру было необычайно трудно приспособиться к резкому увеличению космической радиации.

Смена магнитных полюсов происходит почти каждые 500 тыс. лет из-за изменения направления течения в толще нашей планеты огромных масс жидкого железа, движущихся вокруг твердого ядра Земли. Нынешний период распределения магнитных полюсов затянулся - они не менялись местами уже более 750 тыс. лет.

Смена магнитных полюсов на противоположный знак, связанная с вращением внутреннего ядро планеты, не может произойти за короткий срок и моментально, так как вращающееся ядро играет роль гироскопа и не дает быстрой переориентации его вращения. Такой процесс может длиться долго и должен происходить постепенно, с медленным перемещением магнитных полюсов. Если, все-таки, смена магнитных полюсов происходит в виде кувырка, в таком случае вращение планеты остановиться на некоторое время, что приведет к исчезновению центробежной силы. Так как уровень гравитационного потока при этом остается без изменения, произойдет максимальное сжатие объема планеты, что приведет к многочисленным катаклизмам, аналогичным библейскому всемирному потопу. Литосфера и мантия Земли уменьшится в объеме, процесс которых сопровождается сейсмическими явлениями. Моря и океаны разливаются и покроют всю поверхность Земли. Через некоторое время планета начнет вращение, только в противоположную сторону.

II. Взаимосвязь электромагнитных возмущений в ионосфере и литосфере с гравитационными аномалиями

1. Сопровождение сейсмических явлений электромагнитными возмущениями

Определенный интерес представляют источники и причины возникновения аномалий в уровне плотности гравитации. В последнее время ученые и исследователи обратили внимание на присутствие электромагнитной аномалии в местах землетрясений и извержения вулканов. Они предлагают способ прогноза землетрясений с помощью радиоволн, который заключается в анализе электромагнитной составляющей в ионосфере Земли.

Перед землетрясениями наблюдаются различные аномалии, такие как свечение неба перед катастрофой в Ашхабаде в 1948 году, яркие светящиеся полосы над Ташкентом в 1966 году или активизация электромагнитных явлений – самопроизвольное загорание люминесцентных ламп, сбои в работе компьютеров и бытовой техники, пробои изоляции кабелей, электризация горных пород. Узбекские ученые перед Газлийским землетрясением регистрировали повышенный уровень электромагнитного излучения, который нарастал в течении 5-6 часов, а после главного толчка понизился до обычного уровня [19,20]. На основе статистической обработки полученных данных сделан вывод, что землетрясениям предшествует повышение электромагнитного фона на 85-90 процентов [50,51]. Казахстанский ученый Ларкина В.И. предлагает метод прогноза землетрясений с помощью радиоволн. Суть ее метода заключается в анализе электромагнитной составляющей в ионосфере Земли.

В результате действия магнитного поля наша планета окружена ионосферой — слоем разреженного ионизированного газа на высотах от 70 до 500 км, где текут мощные электрические токи, которые на северном полюсе проявляется в виде полярного сияния. Ионосфера и расположенный ниже слой озона поглощают ультрафиолетовое и рентгеновское излучение Солнца.

Анализ экспериментальных данных, осуществленный российским ученым Кусонским О.А., показал, что сейсмические явления однозначно сопровождаются геомагнитными возмущениями. Отсюда можно заключить, что механизм инициирования землетрясений имеет общие черты и природа их одинакова. Приуроченность землетрясений к магнитным бурям или спокойному полю носит закономерный характер и обнаруживает нелинейность процесса формирования предпосылок к возникновению землетрясений в регионе. Исследование состояния ионосферы по данным обсерватории на месте эксперимента показал, что землетрясения совпадают с возмущениями в ионосфере, выражающимися в волнообразном изменении ионизации среднего слоя ионосферы и его высоты в течение многих часов. Во всех случаях региональные землетрясения сопровождает понижение ионизации слоя. Непосредственно во время землетрясений ионизация уменьшалась более чем в три раза. За час-два перед землетрясением слой опускался [20].

Таким образом, состояние среднего слоя ионосферы имеет одинаковые закономерности, выражающиеся в наличии возмущений в слое в течение суток и более, опускании слоя перед землетрясением и понижении ионизации слоя во время землетрясения. Это также может свидетельствовать об идентичности причин возникновения землетрясений.

2.   Взаимосвязь ионосферы с магнитным полем Земли

Установлено, что причинами локальных и региональных аномалий в магнитном поле Земли являются различные по своим магнитным свойствам породы, расположенные в земной коре. Кристаллические, изверженные и метаморфические породы содержат значительное количество ферромагнитного вещества (магнетита), которые вызывают резкое усиление магнитного поля, создавая его изменение. Различие магнитных свойств пород, глубина их залегания, мощность и форма геологического образования создают все разнообразие магнитных аномалий. Поэтому магнитные аномалии часто встречаются вдоль крупных тектонических разломов, очевидно связанные с нарушением электропроводности пород в краях тектонических плит [43].

Исследование полученных составляющих землетрясений показало, что сейсмические явления произошли во время возмущения геомагнитного поля (наблюдались магнитные бури планетарного масштаба) и приурочены к наиболее интенсивным фазам возмущений. Ионосфера в это время также испытывала состояние возмущения, выражающееся в уменьшении ионизации ее среднего слоя с понижением высоты.

Анализ метеорологической обстановки показал, что землетрясения произошли при очень близких барических условиях - при прохождении глубокого циклона, сопровождавшегося геомагнитными возмущениями в ионосфере. Распределение атмосферного давления на поверхности произошло таким образом, что землетрясения возникали на границе областей наиболее высокого и низкого давления. Установлена связь изменения атмосферного давления во времени и геоакустических шумов, регистрируемых в глубине земной коры [19,15]

Возмущения магнитного поля планеты сопровождаются также изменениями в ионосфере, которые означают, что во время магнитных бурь действует мощный источник ионизации. Установлено, что сильные магнитные бури связаны с солнечными вспышками, которые появляются во время развития группы пятен на солнце. Жесткое излучение вспышки вызывает в ионосфере резкое добавочное увеличение ионизации, сопровождающееся возникновением потоков и возмущением общего магнитного поля Земли. Во время вспышки особенно усиливается наиболее жесткий компонент рентгеновских лучей, который увеличивает ионизацию в ионосферном слое в 5-10 раз.

Частицы излучаемых Солнцем корпускулярных потоков, захватываются магнитным полем Земли и наполняют внешний радиационный пояс. В полярных районах условия для захвата частиц менее благоприятны. Здесь электроны и протоны, двигаясь по спирали вдоль силовой линии, могут проникнуть в атмосферу даже при относительно малых энергиях, соответствующих корпускулярным потокам. В верхних слоях атмосферы частицы корпускулярных потоков создают дополнительную ионизацию, которая изменяет условия распространения радиоволн, и возбуждают свечение, наблюдаемое в виде полярных сияний(49,52,53).

3. Электричество ионосферы

Известно, что в верхнем слое атмосферы находится ионосфера, содержащая свободные электроны и ионы. Согласно работам некоторых зарубежных авторов, суточные вариации ветров приводят к образованию системы круговых электрических токов, текущих с запада на восток на высоте порядка 100 км. Это Sq-токовая система, особенностью которой является очень большая ее величина вдоль магнитного экватора. С. Чепмен назвал этот ток экваториальной струей (синяя полоска на рис.3). Струя тока порождается только электростатическим полем. Его ориентация остается приблизительно постоянной относительно Солнца и Земли. Сила тока порядка 108 А, напряжение в приземной области – сотни тысяч вольт.

Итак, можно констатировать, что электропроводная Земля вращается в неоднородном электрическом поле ионосферы. Сам факт вращения ионосферы и Земли в одном направлении особых противоречий у геофизиков не вызывает. Известно также, что в настоящее время ионосфера вращается вокруг суточной оси медленнее Земли. Следовательно, в результате разной скорости их вращения имеет место относительное перемещение между ионосферой и Землей. Скорость их относительного перемещения соизмерима со скоростью западного дрейфа недипольной составляющей геомагнитного поля. В современную эпоху эта скорость составляет один оборот за 2000 лет, что необходимо и достаточно для возбуждения мощных электрических токов в поверхностных слоях Земли. Внутрипланетная токовая система с квазиэкваториальным стратегическим направлением создает, по законам электродинамики, магнитное поле в виде магнитного диполя, которое и наблюдается на современном этапе его развития. По расчетам американского физика Дж. Орира, создание магнитного поля Земли современной напряженности может обеспечить кольцевой электрический ток силой 3,38х109 А в плоскости экватора на расстоянии 5000 км от центра планеты. [32]

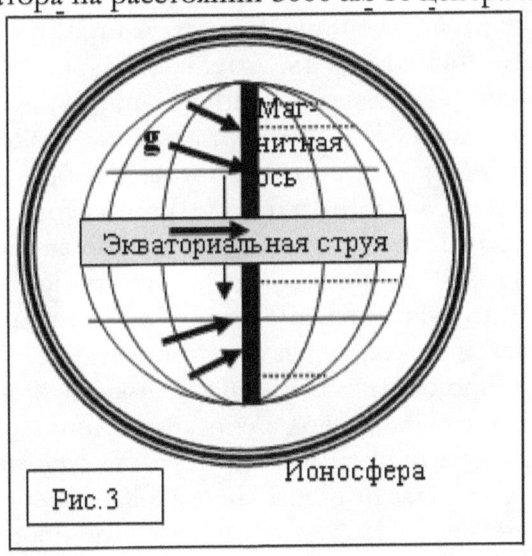

Рис.3

Вместе с тем, эту гипотезу в рамках моей теории гравитации можно объяснить по-другому. Как было изложено в моей работе «Природа гравитации и механизм ее влияния», вокруг экватора планеты вектор влияния гравитации на атмосферу имеет строгий наклон вдоль экватора в сторону вращения. В других широтах влияние гравитации имеет некоторый наклон в сторону экватора, то есть с любой точки верхнего слоя атмосферы воздействие гравитации будет устремлено в сторону экватора (рис. 3), как например, воздушные массы земной атмосферы южного и северного полушария, в целом, движутся к экваториальному поясу. Такая особенность гравитации способствует образованию у некоторых планет тонкого кольца. Именно это свойство земной гравитации порождает систему круговых электрических токов вдоль экватора.

Ионосфера – окружающая Землю за атмосферой пространство, состоящее из свободных электронов и ионов, является той средой, которая под влиянием магнитного поля нашей планеты способна менять структуру и сохранять в своей структуре эти изменения. Указанная структура, возможно, имеет свойство сохранять в своей памяти не только намагниченность нашей планеты и солнечные магнитные бури, но и мельчайшие магнитные колебания любых информационных событий. Ведь магнитное поле — единственное известное в физике поле, способное передавать информацию и обладающее памятью. Когда происходит изменение магнитного поля, свободные электроны и ионы в ионосфере выстраиваются, согласно его влияния и сохраняют всю информацию о происходящих событиях, играя роль магнитного носителя. Объем ионосферы значительно больше объема Земли и имеет достаточную возможность информационной емкости. Такой объемистый банк данных способен сохранять память о магнитных эманациях (истечениях), сопровождающих любое событие, как в жизни планеты, так и в биографии отдельного существа.

Любые магнитные изменения порождают динамику электрических токов в ионосфере - в природной протонно-электронной околоземной плазме, пронизывая ее разные структуры и слои, считывая и видоизменяя имеющие там информационные события. Такие процессы возбуждают замкнутый контур: запись, считывания, анализ и вывод соответствующей информации. Извлечение этой богатейшей и разнообразнейшей информации — благодарная задача для будущих исследователей. Со временем, возможно, человек найдет пути проникновения в информационный банк ионосферы, научиться расшифровывать имеющиеся в его памяти данные и влиять на них, изменяя их во благо планеты и человечества.

4. Влияние магнитных полей ионосферы и литосферы на гравитацию Земли

В центре магнитных возмущений, образующихся в ионосфере, носитель гравитации начинает отклоняться от своего направления движения. В зависимости от направления вращения магнитного вихря гравитация начинает сфокусироваться, что создает повышенный уровень плотности гравитации.

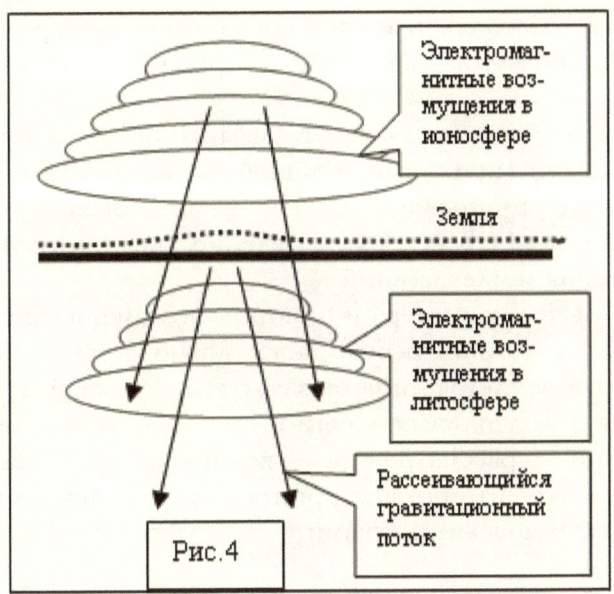

Магнитные вихревые потоки в ионосфере, направленные по часовой стрелке в Северном полушарии и против часовой стрелки - в Южном, способствуют повышению уровня плотности земной гравитации. Это приводит к образованию сжатой зоны по всей глубине атмосферы и литосферы планеты. Магнитные вихревые потоки, подобно всполохам северного сияния, очень подвижны, вместе с тем могут сохраняться неподвижно продолжительное время.

Все эти данные свидетельствуют, что сейсмические явления на планете напрямую связаны с динамикой магнитных возмущений в ионосфере. Вместе с тем, образовавшиеся тектонические разломы, горные массивы и магнитные особенности пород залегания также являются помехой в пути горизонтального распространения магнитного поля в литосфере и образовывают зоны магнитного возмущения.

Геомагнитные возмущения в литосфере и ионосфере, как показано на рисунке 4 являются главным источником понижения либо повышения уровня напряженности гравитационного поля, или просто говоря, изменения уровня влияния плотности гравитационного потока, которые приводили к аномалиям гравитационного давления.

Изложенное дает основание утверждать, что землетрясение, извержение вулканов и цунами имеют общую причину возникновения – изменение уровня влияния плотности гравитации на определенных участках Земли. Иногда такие аномалий гравитации в атмосфере и земной коре совпадают и разряжаются за короткий промежуток времени, сотрясая атмо-, гидро- и литосферу.

Учитывая взаимосвязь геомагнитного возмущения в ионосфере с сейсмическими явлениями, необходимо тщательно исследовать причины и характер возникновения магнитных возмущений в ионосфере, их поведение, для прогнозирования и предотвращения землетрясений.

Исследование характера и причины возникновения магнитных возмущений в ионосфере даст возможность человечеству предотвращать землетрясения, создавать искусственные циклоны с дождями в засушливых регионах. В этом направлении целесообразно рассматривать возможности искусственных спутников на геоцентрических орбитах, по облучению ионосферы мощными рентгеновскими лучами.

III. Роль гравитации в образовании континентов на Земле

1. Теория о дрейфе континентов и ее противоречие

Сегодня общепризнанным является тот факт, что континенты и океаническое дно – это отдельные тектонические плиты, перемещающиеся по поверхности мантии относительно друг от друга. Существуют примерно 15 крупных плит и большое количество малых. Плиты разделены океаническими хребтами, которые являются зонами тектонических разломов.

Общепринятая в 1950-60-е годы теория дрейфа континентов, высказанная американским геологом Фрэнком Б. Тейлором и развитая немецким метеорологом и геофизиком Альфредом Вегенером предполагает, что континенты на огромных тектонических плитах, под воздействием конвекционных течений в мантии планеты, могут медленно удаляться друг от друга со скоростью до 10 см в год. Теория основана на изучении ископаемых материалов - останков тропических растений, найденных под слоем льда и снега в Гренландии, которые показывают, что когда-то она была вблизи экватора, а результаты исследований образцов пород на юге Африки и Южной Америки, имеющие следы ледниковых щитов, свидетельствует, что они ранее располагались вместе с Южным полюсом.

Теория дрейфа континентов основывается и на сходстве очертаний существующих материков. Однако береговые линии не являются реальными границами континентов, так как каждый из них окружен мелководной зоной, континентальным шельфом, являющимся продолжением материков. Истинная граница континентов проходит по верху крутого континентального склона, ведущего в абиссальную зону, то есть в глубинные участки океана [1].

Убедительные данные о дрейфе континентов и их доказательства были найдены не на самих континентах, а в океанах и под их дном. Верхняя твердая оболочка Земли – литосфера – представляет собой твердый слой толщиной около 100 км и включает земную кору (океаническую и континентальную) и верхнюю часть мантии (слой, находящийся непосредственно под земной корой). Граница раздела между земной корой и мантией известна как поверхность Мохоровичича (сокращенно Мохо), названная так в честь ее первооткрывателя, югославского геолога Андрея Мохоровичича (1857-1936гг). Океаническая кора сильно отличается от континентальной. Она намного тоньше и сформировалась за последние 200 млн. лет, который является очень малым сроком в истории Земли, насчитывающей 4600 млн. лет. Хотя большей частью поверхность океанического дна плоская, здесь выделяют два элемента рельефа: хребты и желоба [2].

В 1950 году Гарри Гесс, профессор Принстонского университета (США) выдвинул теорию спрединга (расширения) океанического дна, согласно которой океаническое дно постоянно раздвигается в стороны от подводных хребтов. При таких темпах, либо Земля исключительно быстро увеличивалась в размерах, либо с новой океанической корой что-то происходило. Гесс считал, что океаническая кора разрушалась с той же скоростью, что и формировалась. Гесс исключил возможность увеличения и расширения Земли, по этому он высказал предположение о связи движения коры с конвекционными течениями в мантии. Конвекционные течения – это круговые движения в жидкости или пластичном материале, наподобие тех, которые можно видеть в кипящей каше, которые возникают под действием восходящих тепловых потоков [2].

С развитием гипотезы тектоники плит развивалась и гипотеза конвективного тепло-массопереноса, ибо иначе трудно объяснить движение плит друг относительно друга. При этом предполагается, что, глубокофокусные землетрясения глубиной до 700 км, происходят в холодных погружающихся плитах литосферы. Однако, если бы эффект погружения плит в глубины мантии существовал на самом деле и этот процесс был характерен для континентальных плит и постоянно имел бы место на протяжении геологической истории Земли, то вряд ли могли бы сохраниться на земной поверхности породы возрастом в миллиарды лет, а тем более ровесники Земли. В таком случае вся поверхность континентов с периода образования Земли четыре раза погрузились бы в мантию [3].

Дж.Карр в 1968 году на основании изучения физических свойств мантии, природы границы Мохо и других данных, пришел к выводу вообще о несостоятельности гипотезы о современных процессах конвекции в мантии. Сравнение тектонической истории ряда континентов привело его к заключению о том, что, по крайней мере, в течение последних 900 млн. лет конвекция в мантии отсутствовала [3, 4].

Выше были приведены современные концепции эволюции континентов и океанов: они основаны на той или иной форме конвекции в мантии. Однако многочисленные свидетельства в пользу первичного образования континентов и их последующего дрейфа появились во второй половине XX века. Рассмотрим некоторые концепции, представляющие некоторый исторический интерес. Не исключена возможность, что положения, выдвинутые в этих гипотезах, могут служить предпосылками для новых теорий. Так, например определенной популярностью до сих пор пользуется гипотеза расширения Земли, и можно полагать, что, в конце концов, некоторые ее положения окажутся справедливыми [5, 6].

2. Теория о расширении Земли

Одной из таких теории, более вероятной является образование континентов путем расширения Земли. Предполагается, что Земля в период формирования была много меньше, чем сейчас: ее диаметр составлял примерно половину современного. Мощность коры, образовавшейся в тот период, повсеместно составляла около 30 км. После увеличения диаметра первоначальная кора раскололась, а ее обломки образовали континенты. Расширение, как предполагается, началось с образования «трещин», аналогичных Срединно-Атлантическому рифту. Увеличение диаметра Земли в два раза соответствует увеличению ее поверхности в четыре раза, при этом возникающие приращение площади по порядку величин равно площади, занятой современными континентами.

Вместе с тем такое увеличение радиуса должно вести к увеличению объема и уменьшению плотности в восемь раз. Таким образом, если средняя плотность Земли сегодня составляет 5500 кг/м^3, то раньше эта цифра должна была составлять примерно 44000 кг/м^3.

Столь значительное изменение плотности порождает непреодолимые трудности, по крайней мере, при справедливости современных физических законов на протяжении всей истории Земли. Ускорение силы тяжести на поверхности Земли к началу расширения (палеозой) должно было быть в четыре раза больше, чем сейчас, а момент инерции был бы в четыре раза меньше. Анализ ископаемых остатков не свидетельствует ни о таком высоком значении ускорения силы тяжести в палеозойскую эру (растения и животные имели тогда примерно тот же облик, что и теперь), ни о столь малом моменте инерции, что сказалось бы на скорости вращения Земли, то есть она была бы много выше по сравнению с настоящей [7].

В процессе рассмотрения всех вариантов были проведены расчеты с целью выяснить, нельзя ли крупномасштабное расширение земного шара объяснить за счет химических изменений или фазовых переходов в недрах Земли. Расчеты строились на простом сравнении энергии, необходимой для расширения с энергией химических соединений. Энергия, требуемая для расширения, представляет собой просто разницу в энергии гравитационного потенциала для маленькой и большой Земли.

Разница между энергией силы тяжести в том и другом случаях до некоторой степени зависит от распределения плотности внутри Земли. Бек [8] обнаружил, что при любом разумном распределении плотности возможно увеличение радиуса на 100 км, тогда как при увеличении его на 1000 км или более требуется совсем другое распределение плотности. Кук и Эрдли [9] пришли к выводу, что для равномерного увеличения радиуса Земли на 20% потребовалось бы такое количество энергии, которое необходимо для распада почти всех химических соединений в молекулах Земли.

Кроме термальных причин, обуславливающих расширение, была выдвинута идея его зависимости от медленного изменения значения гравитационной постоянной - G, постулируемого в ряде работ по исследованию космического пространства. Занимаясь вопросами теории относительности Джордан [10] пришел к заключению, что значение G в законе всемирного тяготения Ньютона не является величиной постоянной, как это принято считать, но в действительности будет переменной, поскольку она медленно уменьшается с момента образования Вселенной. То же самое утверждал и Дайк.

Бек оценил количество энергии, высвобождающейся при таком понижении гравитационной постоянной, и опять пришел к выводу, что за счет этого радиус Земли не может увеличиться более чем на 100 км. Поэтому если расширение все же имело место в предполагаемом масштабе, то должен быть найден абсолютно неизвестный источник энергии [11].

3. Основа расширения планеты

Существующая теория о дрейфе континентов рассматривает весь процесс движения материков планеты с точки зрения постоянной гравитационной среды и влияние динамично уменьшающегося уровня плотности гравитационного потока на указанные процессы не учитывается. Вместе с тем, протекание геофизических процессов при образовании нашей планеты и континентов происходило в условиях постоянно изменяющегося уровня плотности гравитационного потока. Этот фактор обусловил существенное отличие протекания всех упомянутых процессов от общепринятых и сыграл главную роль в образовании материков.

Для представления целостной картины, нам необходимо теоретически смоделировать образование нашей планеты с учетом влияния постоянно меняющегося уровня плотности гравитации. Есть основания предполагать, что уровень собственной гравитации нашей планеты после ее образования был очень высоким [6]. Поэтому плотность вещества планеты была большой, а ее диаметр был значительно меньше нынешнего.

Правильность этого предположения подтверждается результатами исследования данных Кольской сверхглубокой скважины (КСГС), которая прошла 12262 метра проходки. Геологический прогноз разреза КСГС показывал, что граница, дающая наибольшее отражение при сейсмическом зондировании, - это тот уровень, где граниты переходят в более прочный базальтовый слой. В действительности же оказалось, что там расположены менее прочные и менее плотные трещиноватые породы - архейские гнейсы. Это принципиально новая геолого-геофизическая информация, которая позволяет по-другому интерпретировать данные глубинных геофизических исследований [12].

Неожиданными, принципиально новыми оказались и данные о процессе рудообразования в глубинных слоях земной коры. Так, на глубинах 9-12 км встретились высокопористые трещиноватые породы, насыщенные подземными сильно минерализованными водами. Образец породы, поднятый на поверхность, имеет иные свойства, чем в массиве. Здесь, наверху, он освобожден от огромных механических напряжений, существующих на глубине. Даже если воссоздать в специальной камере глубинные условия, то все равно параметры, измеренные на образце, отличаются от тех, что в массиве. На каждые 100 метров пробуренной скважины не получают 100 метров керна. На сверхглубокой скважине с глубины более 5 км средний выход керна составил только около 30%, а с глубин более 9 км это были порой лишь отдельные бляшки толщиной 2-3 см, соответствующие наиболее прочным прослойкам. Итак, керн, поднятый на КСГС, не дает полной информации о глубинных породах, которые в корне отличаются от поверхностных. Информация о глубинных породах полностью искажается при сейсмическом зондировании.

Изменились и представления о тепловом режиме земных недр, о глубинном распределении температур в районах базальтовых щитов. На глубине более 6 км получен температурный градиент 20^0С на 1 км вместо ожидавшегося (как и в верхней части) 16^0С на 1 км. Выявлено, что половина теплового потока имеет радиогенное происхождение [12].

Необходимо признать тот факт, что единственно доступное ныне исследование и изучение Земли с помощью сейсмического зондирования не дает полную и ясную картину о строении нашей планеты. Массив, находящийся под огромным гравитационным давлением и та среда, где уровень гравитации очень велик, отражают сейсмические волны с полным искажением, характерным только для той среды. Это дает основание предполагать, что электромагнитные и акустические колебания изменяют свои свойства в зависимости от уровня плотности гравитационного потока.

4. Образования материков планеты с точки зрения динамики гравитации

С учетом этих полученных данных смоделируем процесс образования материков планеты. При образовании планеты ее поверхность была почти ровной, без высоких образований и глубин, поэтому ее основная часть покрывалась жидкостью. По мере остывания планеты, напряженность гравитационного поля стала уменьшаться. Это сопровождалось увеличением гравитационно-сжатого объема планеты, что вызвало, в свою очередь, многочисленные катаклизмы на земной поверхности [6,8,13]. На поверхности планеты началось горообразование, появились вулканы, образовались многочисленные глубокие трещины. В результате дальнейшего расширения объема планеты произошли тектонические разломы твердой оболочки по очертанию нынешних материков на глубину несколько десятков километров.

Как известно, гравитация действовала в перпендикулярном направлении к поверхности планеты, по этому ее напряжение снимался в приложенной плоскости на значительной глубине, что не способствовало горизонтальному расширению поверхности планеты. Вместе с тем, на глубине несколько десятков километров расширение породы происходило и в горизонтальной плоскости, в результате поверхность планеты при расширении рвалась как бумага.

Известно, что под влиянием высокого давления у минералов меняется кристаллическая решетка. По мнению академика В.А.Магницкого, в верхних частях мантии преобладает ионный тип химических связей вещества, тогда как в нижней ее части – атомный или ковалентный (как например у алмаза), при котором все атомы связаны друг с другом атомной связью [7].

Гравитационное давление в породах образовывался только в глубине и сильно отличался от механического внутреннего давления на уровне атома. Как приводилось в моей работе «Природа гравитации и механизм ее влияния», гравитация действует на ядро атома, по этому высокий уровень гравитации прижимал ядро атома к электронной оболочке, буквально сплющив электронную оболочку атома, и атомы вещества приобретали эллипсоидальный вид, что привело к сжиманию и уменьшению объема вещества планеты. Такой механизм гравитационного сжатия планеты хорошо согласовывается с теорией «черной дыры», где высокий уровень потока гравитации сдувает электронную оболочку атомов.

Продолжающееся расширение планеты привело к раскрытию образовавшихся разломов, которые заполнялись приповерхностной и освобожденной от глубинных пород водой, образовывая океаны и моря. Вращательное движение Земли заставило балансировать разделенные ее поверхности, чтобы сохранить мировое равновесие. В результате будущие материки начали расходиться по сферической поверхности планеты, неравномерно заполнили образовавшиеся пространства водой и заняли нынешние места расположения.

5. О мировом равновесии континентов

С учетом изложенных факторов и развивая указанную теорию с точки зрения динамики гравитации, смело можно предположить, что дрейф континентов – это результат гравитационного расширения планеты.

Сотни миллионов лет назад планета представляла собой единый континент – Пангею, распластавшийся по всей поверхности Земли. Тогда сжатая под огромным давлением гравитации наша планета представляла собой сферическое тело с диаметром в два раза меньше чем сейчас. Тектонические разломы при расширении планеты раскрывались до определенных глубин, а дальше они заполнялись расширяющейся в горизонтальной плоскости глубинной породой. Пространство, образовавшееся между материками и большими островами, постоянно увеличивается, так как диаметр планеты постоянно растет [2,3].

Объяснение движения материков одними конвекционными течениями в мантии не логично, так как это привело бы только вертикальному движению поверхности планеты. В таком случае Пангея не могла бы образоваться на одной стороне планеты, а другая ее часть заполняться водой, что привело бы к нарушению мирового равновесия [14].

О сохранении мирового равновесия на нашей планете свидетельствует и такой факт. Гора Чимборасо, находящаяся на территории Эквадора, выше Эвереста на 2200 метров. Причина этого заключается в неидеальной шарообразности Земли. Она «вспучена» посредине, поэтому измерение высоты горы от уровня моря не дает точной оценки ее истинной величины. «Вспучивание» Земли в средней части по всей окружности действительно имеет место и является следствием воздействия сил, возникающих при ее вращении. Поэтому, если измерять высоту гор от центра планеты, Чимборасо оказывается выше Эвереста на 2200 метров. А если измерять от уровня моря, то Эверест на 2540 метров выше Чимборасо. Согласно упомянутому сообщению, при измерении от центра Земли высота Чимборасо составляет 6 384 450 метров, а Эвереста – 6 382 350 метров. (15) Для сохранения мирового равновесия та часть планеты, где расположена Северная и Южная Америка в противовес массивной Евразии с Африкой и Австралией дополняется массой океанической воды. [14]

IV. Влияние гравитационных аномалий на сейсмические явления в земной коре

1. Строение Земли

Строение Земли изучено только с помощью сейсмических волн, возникающих от землетрясений и искусственных взрывов и пронизывающих Землю по всем направлениям, как бы «просвечивая» ее. Ядро Земли впервые сейсмологи обнаружили в 1906 году, а Гутенбергу в 1914 году удалось определить глубину его залегания (2885 км). Граница раздела внешнего ядра характерна тем, что на ней резко падает скорость продольной сейсмической волны от 13,6 км/с до 8,1 км/с. Поперечная сейсмическая волна вообще через внешнее ядро не проходит, что говорит о том, что оно жидкое. Твердое, внутреннее ядро обнаружила Леман (Дания) в 1936 году. Она показала, что оно расположено на глубине приблизительно равной 5000 км.

Наконец, в 1909 году югославский ученый Мохоровичич обнаружил резкое возрастание скоростей сейсмических волн на глубине около 35 км. Эту границу стали считать границей земной коры или границей Мохо. В океане она расположена ближе к поверхности земли на глубине 10-15 км, в горных районах, наоборот, уходит вглубь до 50-80 км [4].

В современном представлении Земля - это сложный многослоевой объект. Каждый из слоев имеет также достаточно сложную структуру, которая изучается различными геофизическими методами (сейсмическими, магнитными, гравитационными и др.).

Остановимся на одной, наиболее распространенной модели Земли. Это - модель Буллена. По этой модели земная кора (А) имеет общую толщину 35 км и плотность 3,2 г/см^3, далее идет верхняя мантия со слоями силиката (В) соответственно - 400 и 3,5 и фазового перехода (С) – 900 и 4,0. Нижняя мантия (D) располагается до глубины 2700 км, с плотностью 5,0 г/см^3, за которой следует переходная зона (D') до глубины 2883 км. Внешнее ядро (Е) с плотностью 10-11 г/см^3 идет до глубины 4980 км, за которым также следует переходная зона до глубины 5120 км. Внутреннее ядро расположено на глубине 6371 км, с плотностью 12 г/см^3.

Зоны В и С образуют так называемую верхнюю мантию, а зона D - нижнюю мантию. Мантия Земли состоит из силикатных пород. По мере увеличения давления и температуры в веществе происходят фазовые переходы: определенные виды пород из твердой фазы переходят в жидкую. Такие фазовые переходы отмечены в зоне C и в зоне D'. Причем в последнем случае весь металл выплавляется и внешнее ядро (зона E) целиком состоит из расплавленного металла. Через эту зону поперечные волны не проходят, так как модуль сдвига равен нулю. В переходной зоне F жидкая фаза металла переходит в твердую фазу и внутреннее ядро состоит из твердого металла с плотностью 12. Однако полагают, если изменить физические условия и поместить этот металл в условия «нормальной» температуры и давления, то его плотность окажется равной 7 (14). Вместе с тем, внутреннее ядро, окруженное расплавленным металлом никак не может оставаться твердым, так как должно расплавиться.

Сверхглубокое бурение Кольской скважины СГ-3 позволило заглянуть в недра и понять, как ведут себя горные породы при высоких давлениях и температуре. Представление, что горные породы с глубиной становятся плотнее и пористость их убывает, оказалось неверным, как и точка зрения о сухих недрах. Впервые это было обнаружено при бурении Кольской сверхглубокой, другие скважины в древних кристаллических толщах подтвердили тот факт, что на многокилометровой глубине горные породы разбиты трещинами и пронизаны многочисленными порами, а водные растворы свободно движутся под давлением в несколько сот атмосфер.

Тот факт, что континенты сложены очень древними породами, возрастом от 1,5 до 3 миллиардов лет, не опровергла даже Кольская скважина. Однако составленный на основании керна СГ-3 геологический разрез оказался прямо противоположным тому, что ученые представляли себе ранее. Первые 7 километров были сложены вулканическими и осадочными породами: туфами, базальтами, брекчиями, песчаниками, доломитами. Глубже лежал так называемый раздел Конрада, после которого скорость сейсмических волн в породах резко увеличивалась, что интерпретировалось как граница между гранитами и базальтами. Этот раздел был давно пройден, но базальты нижнего слоя земной коры так нигде и не появились. Наоборот, начались граниты и гнейсы.

Разрез Кольской скважины опроверг двухслойную модель земной коры и показал, что сейсмические разделы в недрах — это не границы слоев из пород разного состава. Скорее они указывают на изменение свойств камня с глубиной. При высоком давлении и температуре свойства пород, видимо, могут резко меняться, так, что граниты по своим физическим характеристикам становятся похожи на базальты, и наоборот. Но поднятый на поверхность с 12-километровой глубины «базальт» тут же становился гранитом, хоть и испытывал по пути сильнейший приступ «кессонной болезни» — керн крошился и распадался на плоские бляшки. Чем дальше уходила скважина, тем меньше качественных образцов попадало в руки ученых.

Глубина заключала в себе много неожиданностей. Раньше было естественно думать, что с удалением от поверхности земли, с ростом давления породы становятся более монолитными, с малым количеством трещин и пор. СГ-3 убедила ученых в обратном. Начиная с 9 километров, толщи оказались очень пористыми и буквально напичканы трещинами, по которым циркулировали водные растворы. Позднее этот факт подтвердили другие сверхглубокие скважины на континентах. На глубине оказалось гораздо жарче, чем рассчитывали: на целых 80°! На отметке 7 км температура в забое была 120°С, на 12 км — достигла уже 230°С. В образцах Кольской скважины ученые обнаружили золотое оруденение. Вкрапления драгоценного металла находились в древних породах на глубине 9,5—10,5 км. Впрочем, концентрация золота была слишком мала, чтобы заявлять о месторождении — в среднем 37,7 мг на тонну породы, но достаточная, чтобы ожидать его и в других подобных местах. [12]

2. Существующие модели механизма землетрясений

Вполне удовлетворительное объяснение причин и источников возникновения большинство землетрясений дается в рамках теории тектоники плит. Ее основная идея заключатся в том, что в краевых частях каждой плиты, там, где она соприкасается с другими плитами, горные породы оказываются под действием больших деформирующих (тектонических) сил, вызывающих в них физические и даже химические изменения. Именно на краях плит геологические структуры Земли подвергаются наибольшему воздействию сил, возникающих в результате движения и столкновения плит, и именно там происходят самые крупные геологические преобразования [16].

Механизм землетрясений - весьма сложный процесс, к пониманию которого сейсмологи только приближаются. Очаг сильного землетрясения представляет собой некоторое внезапное смещение в определенном объеме пород по относительно обширной плоскости разрыва, поэтому механизм землетрясения представляет собой кинематику движения в очаге. Существуют несколько наиболее распространенных моделей механизма очага землетрясений.

Наиболее ранняя модель, разработанная Х. Рейдом в 1911 году, основана на упругой отдаче при сколовой деформации горных пород, в которых превышен предел прочности. Модель Н.В. Шебалина (1984 год) предполагает, что главную роль в возникновении короткопериодных колебаний с большими ускорениями играют осложнения, шероховатости или «зацепы» вдоль главного разрыва, по которому происходит смещение. «Зацепы» препятствуют свободному скольжению - крипу, и именно они ответственны за накопление напряжений в очаге. Модель лавинно-неустойчивого трещинообразования, развиваемая в России В.И. Мячкиным, заключается в быстром нарастании количества трещин, их взаимодействии между собой и в конце концов возникновении главного или магистрального разрыва, смещение по которому мгновенно сбрасывает накопившееся напряжение с образованием упругих волн. Еще одна модель американских геофизиков У. Брейса и А.М. Нура, сформированная в конце 60-х годов, предполагает важную роль дилатансии, то есть увеличения объема горной породы при деформации. Возникающие при этом микроскопические трещины при попадании в них воды не способны вновь закрыться, объем породы увеличивается, а напряжения возрастают, одновременно увеличивается поровое давление и снижается прочность породы. Все это приводит к разрядке напряжения - к землетрясению.

Существует модель неустойчивого скольжения, полнее всего разработанная американским геофизиком К. Шольцем в 1990 году и заключающаяся в «залипании» контактов взаимно перемещающихся блоков пород при относительно гладком строении поверхности сместителя. Залипание приводит к накоплению сдвиговых напряжений, разрядка которых трансформируется в землетрясение.

В пользу теории тектоники плит указывают геофизические наблюдения, которые показывают, что в срединно-океанических хребтах непрерывно происходит подъем магмы, которая, застывая, становится новым морским дном и движется в разные стороны от хребта. Таким образом, плиты разрастаются и перемещаются с одной и той же скоростью, остывая и старея по мере удаления от хребтов. На обоих своих концах сдвиги «трансформируются» и вдоль них наблюдаются много землетрясений.

«Плиты движутся неравномерно, они долго остаются в покое, надавливая краями одна на другую. Но постепенно конвекционные течения под ними усиливают давление, в результате чего плиты совершают внезапный толчок. Он сотрясает все окружающие породы, вызывая землетрясение», - писали Гутенберг и Рихтер в своем труде «Элементарная сейсмология» [17].

3. Свойства и признаки землетрясений, требующие объяснения

Получается, что по теории тектоники плит, на краях взаимодействующих плит, должно происходить гораздо больше землетрясений (так называемые межплитовые землетрясения), чем во внутренних частях плит. Однако во внутренних частях плит часто происходят землетрясения, и теория тектоники плит этому никакого логического объяснения не дает.

Устойчивая скорость разрастания плит дает основания считать, что на краях плит темп проскальзывания должен оставаться постоянным, в связи, с чем следует ожидать закономерным следующие землетрясения рядом с происшедшими. Вместе с тем, вопреки логике, на краях плит часто остаются зоны сейсмического молчания, чего также не может объяснить существующая теория.

Гипоцентр или очаг землетрясения принимается некоей точкой (областью с небольшой площадью), где и на глубине происходит землетрясение. Именно такие данные приводятся в бюллетенях сейсмичности: географические координаты (широта и долгота), глубина и магнитуда (энергетический класс). Если бы землетрясения вызывались столкновением плит, то гипоцентры слагали бы в плане вытянутую структуру — линию, а в объеме — пластину [16].

Напрашивается законный вопрос – в чем же заключается более общая причина землетрясений? Не сродни ли они с цунами и извержениями вулканов? Не одни ли и те же явления то сотрясают земную кору и поднимают гигантскую волну, то пользуются вулканическими кратерами, давая выход избытку своей энергии?

В XIX веке такую гипотезу высказал великий немецкий натуралист и географ Гумбольдт. «В глубинных толщах земной коры, - излагал он вкратце свои взгляды, - есть слой расплавленных пород. Этот слой испытывает значительное давление. Иногда это давление заставляет расплавленную массу изливаться на поверхность, и тогда наблюдается извержения. В других случаях силы давления хватает только на то, чтобы вызвать такую же вибрацию перекрытий, что бывает у стенок парового котла, и тогда происходит землетрясения».

Однако эта гипотеза не могла объяснить, когда землетрясения не обязательно влечет за собой извержение вулканов и, наоборот, вулканическая деятельность не всегда сопровождается сейсмическими возмущениями [18] .

Если бы все землетрясения были геологического или вулканического происхождения, то их гипоцентры находились бы на глубине, не превышающей 40 километров. На самом деле гипоцентры землетрясений размещаются на любой глубине – от нескольких метров до 700 километров. Хотя для объяснения глубоких землетрясений выдвинуто множество интересных идей, но в течение 80 лет, прошедших после открытия глубоких землетрясений, они все еще остаются загадкой. Теория тектоники плит предполагает, что глубокофокусные землетрясения происходят в холодных погружающихся плитах литосферы. Однако холодные плиты не могут погружаться до 700 км в жидкую расплавленную мантию. До сих пор неясен механизм возникновения очага землетрясения в размягченных породах мантии в глубине, где нет характерная для твердых пород деформация и накопление упругих сил.

Эпицентр землетрясений характеризуется максимальными разрушениями, причем многие предметы здесь смещаются вертикально (подпрыгивают). Анализ последствий разрушений в эпицентре показывают, что при главном толчке поверхность земли поднималась до 5 метров. Расчеты подтвердили, что для того чтобы поднять поверхность на такую высоту, должен быть мощный удар снизу.

Вместе с тем, исходя из теории тектоники плит, смещение земной коры должно быть как раз горизонтально. За год на Земле происходит несколько сотен тысяч землетрясений, т.е. в среднем 1-2 в минуту. Сила их различна: большинство улавливается только высокочувствительными приборами - сейсмографами, другие ощущаются человеком [17].

Австралийский ученый-геолог Джеймс Макслоу считает современные объяснения причин землетрясений тектоникой плит ошибочным. По его мнению, нынешние концепции исходит из предположения о постоянстве объема Земли, тогда как на самом деле он постоянно увеличивается. По его расчетам, сегодня планета продолжает расти со скоростью 22 миллиметра в год. Казалось бы, ничтожная величина, но за миллионы лет, по мнению ученого, земная кора увеличивается на 22 километра, при этом она настолько ослабла и растрескалась, что уже не может сопротивляться клокотанию земных недр. Однако, по моему мнению, если объем Земли расширялся равномерно таким образом, тогда за 2 млрд. лет диаметр нашей планеты увеличился бы на 44000 км против нынешнего 12756 км, что не реально.

4. Роль гравитации в механизме землетрясении

Исследование общих характерных признаков и факторов, сопровождающих землетрясения и извержения вулканов, а также цунами, показывает, что источник их возникновения однороден и возможно им является локальное аномальное изменение уровня плотности гравитации в определенных зонах Земли. Установлено, что в гравитационном поле Земли постоянно происходят локальные и временные колебания уровня его плотности [11].

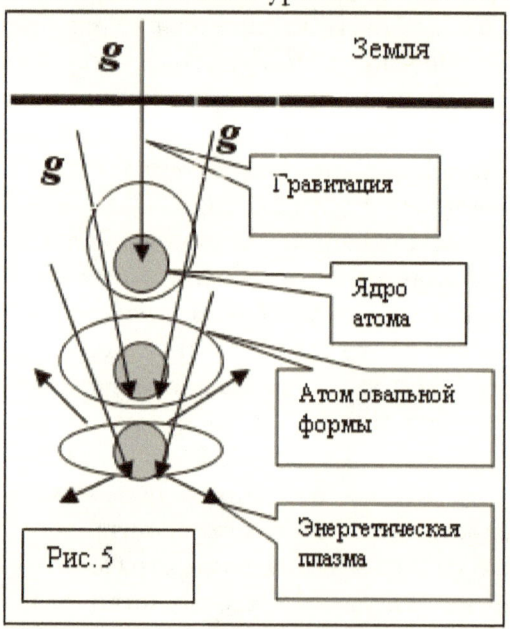

Общий уровень гравитационного поля нашей планеты имеет тенденцию на постепенное уменьшение, что приводит к расширению глубинных пород, атмосферы и водной среды в океанах и в целом нашей планеты. Этот процесс происходит постепенно и равномерно, и без особых колебаний, поэтому часть их регистрируют только чувствительные сейсмические приборы. Особую роль в этом играет центробежная сила, которая при аномальном уменьшении уровня плотности гравитации на определенных участках, выталкивает массу породы от центра, равномерно расширяя ее по всей глубине. Однако центробежная сила не может объяснить возникновения очага землетрясения на определенных глубинах.

Если происходит резкое колебание уровня плотности гравитации на отдельных участках, это сопровождается увеличением и расширением гравитационно-сжатого объема породы на разных глубинах указанного участка планеты, что в свою очередь вызывает сейсмические катаклизмы в данном разрезе земной поверхности. Землетрясение является процессом мгновенного освобождения накопившейся энергии. Именно гравитация способна выделить необходимую для совершения землетрясения энергию. Изучение факторов, сопровождающих мощные землетрясения, показывает наличие признаков изменения уровня плотности гравитации.

Группа учёных из университета Калифорнии в Лос-Анджелесе (University of California, Los Angeles) и японского Национального института наук о Земле и предотвращении бедствий (National Research Institute for Earth Science and Disaster Prevention) установили связь между землетрясениями и морскими приливами.

Наличие такой связи подозревали давно, но специалисты, пытавшиеся найти её ранее, пользовались недостаточно полной по географии и времени статистикой. В новом исследовании учёные рассмотрели все землетрясения с 1977 по 2000 годы с силой от 5,5 баллов и выше. Как оказалось, 75% из них случились в тот момент, когда был высокий прилив.

Специалисты говорят, что напряжения в коре, которые возникают при высоком приливе, часто являются "спусковым крючком" для землетрясений. При этом речь идёт о тех землетрясениях, которые так или иначе вот-вот должны произойти. Воздействие колоссальной массы воды — последняя капля, провоцирующая сброс внутренних напряжений в горных породах.[59]

Как известно, гравитация действует в перпендикулярном направлении к поверхности планеты, поэтому ее напряжение снимается в приложенной плоскости только на значительной глубине. Гравитационное давление образовывается только в глубине и сильно отличается от механического давления. Гравитация, как показано на рисунке 5, действует непосредственно на ядро атома породы и когда уровень ее плотности высокий, она прижимает ядро атома к электронной оболочке, буквально сплющив электронную оболочку атома. В результате атомы вещества приобретают эллипсоидальную или овальную форму, что приводит к сжиманию и уплотнению, а также уменьшению объема вещества в вертикальной плоскости. При этом происходит высвобождение внутриатомной энергии в виде энергетической плазмы, которая является главным источником внутрипланетного тепла.

Наоборот, с уменьшением уровня влияния плотности гравитации такие атомы приобретают нормальный шаровидный вид, как показано на рисунке 6, передавая потенциальную энергию внутреннего гравитационного напряжения атома в виде механического расширения, при этом происходит изменения молекулярной структуры.

Доказательством этого служат результаты исследования образцов породы, поднятых из глубины 12 км в Кольской сверхглубокой скважине. С углублением выход керна из скважины уменьшился, порода больше стала похожа на песок. Это произошло впоследствии снятия на поверхности глубинного гравитационного напряжения от породы, в результате она быстро расширилась и растрескалась на мелкие куски. Поднятые из гравитационно-напряженной зоны образцы породы не дали ожидаемой информации. Создать аналогичные гравитационные условия на поверхности путем механического давления оказалось не возможным [12].

Структура вещества литосферы на глубинах десятки километров принципиально другая, чем для вещества наблюдаемой части каменной оболочки. Нам, видимо, никогда не удастся получить это вещество для анализа, потому что при снижении гравитационного давления оно перейдет в другое состояние. Говорить о наличии на глубинах десятки километров распространенных на поверхности горных пород типа базальта и перидотита не приходится. На глубине кристаллизуется гранит, но, попадая на поверхность Земли, он разрушается до песка, глины и аморфного опала. Возможно, этим объясняется распространение более мягких пород на высоких вершинах гор, чем на его низовьях. Со временем, в результате постепенного уменьшения уровня влияния плотности гравитации, камни превращаются в песок, песок в пыль.

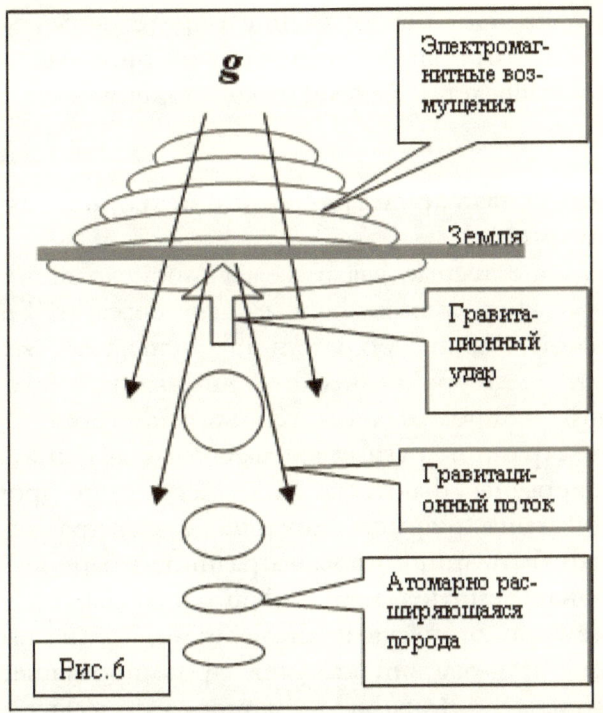

Рис.6

Временами в гравитационном поле Земли образовываются локальные аномальные зоны с повышенным или пониженным уровнем гравитации, которые впоследствии нормализуются [11]. Образование таких зон начинается с изменения в ионосфере и распространяются по всей глубине атмосферы, создавая в ней циклоны и антициклоны. Такие зоны рождаются и в литосфере, впоследствии распространяются на глубину планеты, достигая внутренние слои мантии. Именно в таких зонах в недрах планеты происходит снятие, либо ослабление гравитационного давления, что приводит к вертикальному расширению породы, как показано на рис.6.

В породе указанной зоны происходит изменение молекулярных и кристаллических структур, которое сопровождается увеличением ее объема. В зависимости от глубины, от среды и времени снятия давления возникает вертикальный гравитационный удар, который сотрясает вышележащие слои мантии и породы.

Глубина снятия давления зависит от формы и глубины фокусировки гравитации и магнитным завихрением. Этот процесс особенно ощутим, если зоны с пониженным уровнем плотности гравитации в атмосфере, то есть циклоны, совпадают с аналогичными гравитационно-аномальными зонами в литосфере.

При этом, произойдет освобождение определенных вертикальных участков земли от внутренних гравитационных напряжений планеты, что приведет к сейсмическим явлениям на поверхности планеты.

5. Взаимосвязь землетрясений с метеорологическими аномалиями

Установлены тесные связи между происходящими в земной коре тектоническими и атмосферными процессами. Так, например, в Центральной Азии большинству сильных землетрясений предшествуют метеорологические аномалии, большая часть землетрясений сопровождается сильными грозами, смерчами, шквальными ветрами и другими аномальными явлениями [19,20].

Зафиксированы факты, когда землетрясение происходило во время прохождения границы циклона эпицентра землетрясения, которое могло быть инициировано разницей барических нагрузок атмосферы на земную кору. Дополнительные деформации, вызванные метеорологическими аномалиями, могли стать причиной землетрясений при условии наличия сформировавшегося к этому времени очага. Влияние метеорологических аномалий распространяется на значительные глубины земной коры, достигающие нескольких километров и вероятно больше. Поэтому очаги землетрясений, инициируемые циклонами, могут располагаться как в осадочном чехле, так и в кристаллическом фундаменте. Глубину влияния циклонов на геодинамические процессы в земной коре можно оценить экспериментально.

В 1994 году Институтом геофизики УрО РАН установлена связь вариаций атмосферного давления во времени и геоакустических шумов, регистрируемых до глубины около 4,5 километров (забой) в Уральской сверхглубокой скважине СГ-4. В период выполнения эксперимента с 9 по 21 июня 1994 года в районе исследований наблюдалось прохождение фронта циклона, сопровождающееся падением атмосферного давления на 25 мБар. При этом уровень высокочастотной составляющей шумов (частота более 500 Гц) нарастал. Рост начинался не по всему стволу скважины одновременно, вначале он наблюдался на глубоких горизонтах у забоя, постепенно распространяясь вверх по разрезу, и достиг максимума по всему разрезу во время достижения наименьшей величины атмосферного давления, наблюдавшегося с 16 по 18 июня [21].

Связь между дождями и слабыми землетрясениями установили Себастьян Хайнцл (Sebastian Hainzl) из университета Потсдама (Universität Potsdam), Тони Крафт (Toni Kraft) из университета Людвига-Максимилиана в Мюнхене (Ludwig-Maximilians-Universität München) и их коллеги.

Ливневые воды, проникающие в трещины и поры породы, могут срабатывать как спусковой крючок, вызывая небольшое землетрясение в случае, если напряжение в разломе почти достигло предела. Эту идею учёные обсуждали давно, но никто ещё не проверял такую связь на практике.

Оказалось, что для провоцирования землетрясений воды требуется гораздо меньше, чем специалисты полагали ранее. Это установили наблюдения за 1775-метровым пиком Хохстауфен в Баварии, местом, где ежегодно случается тысяча слабых землетрясений. Учёные выяснили, что летом, когда шло больше дождей, сейсмическая активность была выше.

Для проверки гипотезы учёные начали фиксировать ежедневное количество осадков и прогнозировать на этой основе количество слабых землетрясений. Прогноз оказался точным. В частности, после сильных затяжных дождей сейсмическая активность в данной местности выросла в 20 раз — некоторое время после этих ливней исследователи ежедневно фиксировали по 40 крошечных сотрясений, вместо обычных 1-2.

Германские специалисты полагают, что найденная взаимосвязь между уровнем осадков и сейсмической активностью справедлива и для тех регионов, где землетрясения имеют несравненно большую силу. Правда, геофизик Марк Зобак (Mark Zoback) из университета Стэнфорда (Stanford University), прокомментировавший работу германских коллег, отметил, что в случае с глубоко залегающими очагами землетрясений требуется несколько лет, чтобы вода проникла с поверхности. А это делает связь между количеством осадков и частотой землетрясений в таких районах трудно обнаруживаемой.[60]

Отсюда можно сделать вывод о влиянии изменения атмосферного давления, наблюдаемого во время развития циклона на процесс образования трещин в зонах разломов и трещиноватости, расположенных на глубинах несколько километров. Это может иметь место только в случае активизации геодинамических процессов в породах. Таким образом, метеорологическая обстановка землетрясений характеризуется одинаковыми условиями, что также может свидетельствовать об одинаковой природе землетрясений. Выявлены закономерности проявления сейсмических событий в геомагнитном поле и ионосфере по данным, полученным на обсерватории. Проанализированы метеорологическая обстановка и установлены вероятные связи метеофакторов с землетрясениями [19].

Под влиянием изменения атмосферного давления в земной коре и мантии происходит изменение уровня плотности гравитации, что приводит к вертикальному расширению гравитационно-сжатой породы и мантии, потенциальная энергия переходит в кинетическую, в виде вертикального толчка (рис.6). Это способствует поднятию из глубины планеты ударной волны, впоследствии снятия внутреннего гравитационного напряжения. Происходит временное расширение мантии и породы, глубоко располагающиеся в указанном разрезе и его вертикальное распространение. Глубина образования ударной волны зависит от размера аккумуляции потока гравитации. На поверхности земли такие процессы сопровождались землетрясениями или поднятием огромных волн (цунами) в акватории океанов.

Землетрясения – обычное состояние нашей планеты, объем которой колеблется под влиянием изменяющегося гравитационного потока. Землетрясения теоретически могут происходить в любом месте земного шара. Основой всех землетрясений является аномальное нарастающее изменение в магнитном поле планеты, способствующее резкому скачку уровня влияния плотности гравитации на определенном участке, впоследствии которого порождается гравитационный удар в недрах планеты.

В эпицентре землетрясений уровень плотности гравитации всегда ниже, чем в окружении, впоследствии чего вес любого тела снижается до минимума. Этот процесс происходит постепенно и с резким уменьшением уровня плотности гравитации, в результате чего возникает сотрясение поверхности земли. Предшествующее толчку постепенное уменьшение уровня плотности гравитации ощущается многими животными и насекомыми, которые пытаются покинуть аномальную гравитационную зону. Единственным прибором, регистрирующим этот процесс, могут стать обыкновенные высокочувствительные электронные весы, которые зафиксируют уменьшение веса определенной эталонной массы.

Для прогнозирования сейсмических явлений также необходимо наблюдать из космоса и изучать изменения магнитного поля в ионосфере Земли. Путем влияния на участки ионосферы с помощью рентгеновских лучей возможно можно предотвратить угрозу землетрясений.

V. Гравитационная основа деятельности вулкана

1. Общепринятая гипотеза о механизме деятельности вулкана

Вулканы - геологические образования, возникающие над каналами и трещинами в земной коре, по которым извергаются на земную поверхность из глубинных магматических источников лавы, горячие газы и обломки горных пород. Обычно вулканы представляют отдельные горы, сложенные продуктами извержений. Вулканические горы - изолированные горы и хребты, образовавшиеся вследствие вулканических извержений. В зависимости от формы подводящих каналов вулканы разделяют на центральные и трещинные [22].

В общем виде вулканы подразделяются на линейные и центральные, однако это деление условно, так как, большинство вулканов приурочены к линейным тектоническим нарушениям (разломам) в земной коре. Линейные вулканы или вулканы трещинного типа, обладают протяжёнными подводящими каналами, связанными с глубоким расколом коры. Как правило, из таких трещин изливается базальтовая жидкая магма, которая растекаясь в стороны, образует крупные лавовые покровы. Вдоль трещин возникают пологие валы разбрызгивания, широкие плоские конусы, лавовые поля. Если магма имеет более кислый состав (более высокое содержание SiO_2 в расплаве), образуются линейные экструзивные валы и массивы. Когда происходят взрывные извержения, то могут возникать эксплозивные рвы протяжённостью в десятки километров. [23]

Глубинные магматические очаги могут находиться в верхней мантии на глубине порядка 50-70 км (вулкан Ключевская сопка на Камчатке и Килауэа на Гавайских островах) или в земной коре на глубине 5-6 км (вулкан Везувий, Италия) и глубже.

К предвестникам извержения относятся вулканические землетрясения, акустические явления, изменения магнитных свойств и состава фумарольных (смесь газов, выделившихся из лавы с захваченными газами из атмосферы) газов и др. явления. Извержение обычно начинается усилением выбросов газов сначала вместе с темными, холодными обломками лав, а затем с раскаленными. Эти выбросы в некоторых случаях сопровождаются излиянием лавы. Высота подъема газов, паров воды, насыщенных пеплом и обломками лав, в зависимости от силы взрывов, колеблется от 1 до 5 км (во время извержения вулкана Безымянного на Камчатке в 1956 году она достигла 45 км).

В зависимости от характера извержений и состава магмы на поверхности образуются сооружения различной формы и высоты. Они представляют собой вулканические аппараты, состоящие из трубообразного или трещинного канала, жерла (самой верхней части канала), окружающих канал с разных сторон мощных накоплений лав и вулкано-обломочных продуктов и кратера (чашеобразные впадины, расположенные на вершине сооружения). Наиболее распространенными формами сооружений являются конусообразные (при преобладании выбросов обломочного материала), куполообразные (при выжимании вязкой лавы) и пологие щитовидные (при преобладании излияний жидкой лавы).

Вулканы центрального типа имеют центральный подводящий канал, или жерло, ведущее к поверхности от магматического очага. Жерло оканчивается расширением, кратером, который по мере роста вулканической постройки перемещается вверх. У вулканов центрального типа могут быть побочные, или паразитические, кратеры, которые располагаются на его склонах и приурочены к кольцевым или радиальным трещинам. Нередко в кратерах существуют озёра жидкой лавы. Если магма вязкая, то образуются купола выжимания, которые закупоривают жерло, подобно «пробке», что приводит к сильнейшим взрывным извержениям, когда поток газов буквально вышибает «пробку» из жерла.

Одной из нерешенных проблем проявления вулканической активности является определение источника тепла, необходимого для локального плавления базальтового слоя или мантии. Такое плавление должно быть узколокализованным, поскольку прохождение сейсмических волн показывает, что кора и верхняя мантия обычно находятся в твердом состоянии. Более того, тепловой энергии должно быть достаточно для плавления огромных объемов твердого материала. Например, в США в бассейне р.Колумбия (штаты Вашингтон и Орегон) объем базальтов более 820 тыс. км куб; такие же крупные толщи базальтов встречаются в Аргентине (Патагония), Индии (плато Декан) и ЮАР (возвышенность Большое Кару). В настоящее время существуют три гипотезы. Одни геологи считают, что плавление обусловлено локальными высокими концентрациями радиоактивных элементов, но такие концентрации в природе кажутся маловероятными; другие предполагают, что тектонические нарушения в форме сдвигов и разломов сопровождаются выделением тепловой энергии. Существует еще одна точка зрения, согласно которой верхняя мантия в условиях высоких давлений находится в твердом состоянии, а когда вследствие трещинообразования давление падает, она плавится и по трещинам происходит излияние жидкой лавы. [23]

Современные вулканы расположены вдоль молодых горных хребтов или вдоль крупных разломов (грабенов), на протяжении сотен и тысяч километров в тектонических подвижных областях. Почти две трети вулканов сосредоточены на островах и берегах Тихого океана (Тихоокеанский вулканический пояс). Из других районов по количеству действующих вулканов выделяется район Атлантического океана.

Географическое размещение вулканов указывает на тесную связь между поясами вулканической деятельности и дислоцированными подвижными зонами земной коры. Разломы, образующиеся в этих зонах, являются каналами, по которым происходит движение магмы к земной поверхности.

Движение магмы по трещинам и трубообразным каналам к земной поверхности, по-видимому, происходит под влиянием тектонических процессов. На глубине, когда давление растворенных в магме газов становится больше давления вышележащих толщ, газы начинают стремительно продвигаться и увлекать магму к земной поверхности. Возможно, что газовое давление создается во время процесса кристаллизации магмы, когда жидкая часть ее обогащается остаточными газами и парами. Магма как бы вскипает и вследствие интенсивного выделения газообразных веществ в очаге создается высокое давление, которое также может явиться одной из причин извержения. [13]

Такое объяснение дает современная наука, которая связывает извержение вулкана с тектоническими процессами и увеличением давления газов в растворенной магме.

2. Признаки и свойства вулканов

Допустим, что вулканы выбрасывая газ и лаву в наружу, снимают напряжение в земной коре. Они выступают в роли аварийного крана парового котла, автоматически выбрасывающего лишнее давление из котла.

Если это так, тогда возникают некоторые вопросы.

Первое, почему действующие вулканы расположены вдоль тектонических разломов, преимущественно на побережьях океанов?

Второе, почему вулканы извергаются в основном на вершине горы? Если, гора образовалась в результате деятельности вулкана в течение миллионов лет, тогда почему основная глубинная порода вулканической горы не отличается от пород других рядом стоящих гор? Ведь, гора, образованная в результате выбросов вулкана, должна отличаться от других по строению и составу пород. Обращает на себя внимание и тот факт, что вулканы в основном возникают не в общей гряде гор, а в отдельно стоящем, имеющем правильную конусообразную форму горе.

Почему расплавленная лава выбрасывается наружу прямо из вершины горы? Не кажется ли странным, что при этом она редко выходить наружу из средней части гор? Если под вулканическими горами проходят тектонические разломы, как можно объяснить то, что они проходят и на равнинах, и под другими горами, где исторически не возникают вулканы. Складывается мнение, что от далеких глубин до макушки гор проложен специальный вертикальный канал для прохода лавы.

Если это так, тогда как он образовался, зачем и каким образом? Почему этот канал после выбросов, в период спячки вулканов, когда плотно забиваются продуктами извержения и наглухо запечатывается, может возобновить свою деятельность?

Вместе с тем, необходимо выделить следующие факторы:

1. Вулканы периодически извергаются в основном из отдельно стоящих гор;

2. Тело вулкана в основном имеет правильную конусообразную форму;

3. В период спячки каналы вулканов забиваются продуктами извержения и через определенное время открываются вновь;

4. Все действующие вулканы имеют высоту от основания не менее 1000 метров, включая подводную часть;

5. Вулканы в основном расположены вдоль тектонических разломов;

6. На вершине вулкана образуются воронкообразные впадины, окаймленные кольцевым валом из глыб различных пород;

7. Извержение вулкана часто сопровождается сейсмическими колебаниями, акустическими явлениями и магнитными аномалиями;

8. Давление на выходе из вулкана варьируется от простого изливания до взрывов;

9. Отдельные продукты извержения обладают радиоактивностью;

10. Вулканы, имеющие вертикальный канал, извергаются огромной силой;

11. Легкие продукты извержения – пыль, газ поднимаются высоко в стратосферу до 45 км.

3. Гравитационный механизм деятельности вулкана

Итак, на основе выделенных факторов можно построить новый классический механизм возникновения вулкана. Если этот процесс рассмотреть с точки зрения влияния гравитации, тогда деятельность вулкана можно объяснить вполне логично.

Вулкан должен иметь конусообразный аппарат. Канал для извержения вулкана располагается вертикально от вершины вулканического аппарата до глубины нескольких десятков километров. Первый подъем магмы с глубины раскрывает вершину горы, разбрасывая обломки по сторонам, что свидетельствует отсутствие канала на верхней части вулкана. Продукты извержения вулкана, в зависимости от глубины извлечения, на поверхности земли распадаются, изменяют молекулярную и кристаллическую структуру, при этом некоторые из них подвергаются быстрому радиоактивному распаду, выделяя энергии в виде тепла.

Характерным для вулкана, в отличие от других природных катаклизм, является его периодичность и повторяемость место извержения. При этом, особенностью вулкана является его вертикальный канал от вершины вниз, который играет главный и определяющий роль в его деятельности. Наблюдения показывают, что вулканы, имеющие вертикальный канал, извергаются огромной силой. Образование вертикального канала, его периодическое функционирование напрямую связано с вулканическим аппаратом. Первоначальное возникновение вулкана зависит от тектонического разлома, вдоль которого лава изливается в наружу и, остывая, образует конусную форму. После образования вулканического аппарата или отдельной горы, имеющей формы конуса, извержение вулкана имеет периодичный характер. При истечении благоприятствующих обстоятельств, вулкан начинает извергаться.

Отдельные горы образовались правильным сложением пород в виде конуса. Вот эти правильно сложенные горные породы с возрастающим глубинным напряжением и плотностью оказывает аккумулирующее воздействие потоку гравитации.

Вопрос в том, откуда появляется вертикальный специальный канал из глубины к вершине горы? Давайте попробуем поразмыслить, построим некоторые гипотезы, догадки.

Идущий строго вертикально к поверхности Земли поток гравитации при проникновении к земной толще, то есть в более плотную материальную среду, испытывает некоторое торможение и естественно меняет направление под определенным углом. В таком случае в ориентации носителя гравитации главную роль играет магнитное поле Земли.

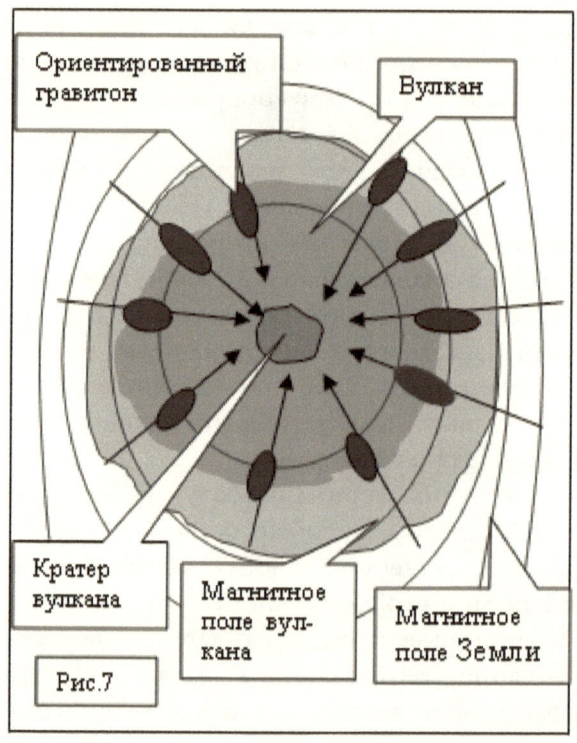

Ориентированный гравитон

Вулкан

Кратер вулкана

Магнитное поле вулкана

Магнитное поле Земли

Рис.7

Если поток гравитации пронизывает гору, как показано на рис.7, поверхность которого имеет естественный наклон, тогда поток гравитации, ориентированный в магнитном поле конусообразной горы, должен собраться в одной точке под горой. Этому способствует образовавшееся вокруг гор кольцеобразное магнитное поле. Оно образовалось в результате нарушения равномерно распределенного магнитного поля Земли возвышенностями – горами, которые как бы пробивают этот строй. Таким образом, поток гравитации, пересекая магнитное поле вокруг горы и в самом теле горы, будет ориентирован идти только под гору. Если гора имеет конусообразную, правильную форму, поток гравитации аккумулируется в середине горы, вдоль вертикальной линии, нарастая в глубине.

В беспорядочно образованной горной гряде поток гравитации не может образовать вертикальную линию как в вулканическом аппарате, однако в отдельных местах происходит аккумуляция потока гравитации, которая создает различные гравитационные аномалия.

В результате, от вершины горы прямо к центру Земли будет направлен канал, вдоль которого пересекается поток гравитации, собранный со всей поверхности вулканического аппарата. Указанный канал пресечения потоков гравитации, где плотность гравитации превышает обычную плотность потока гравитации на поверхности земли в миллионы раз, породу на участке вертикальной линии сжимает до предела. В породах указанной зоны, под влиянием огромного гравитационного давления, происходит слияние элементов в более тяжелые. Образуется как бы уплотненный гравитацией вертикальный канал от вершины горы, уходящий в глубину несколько километров (рис.8). Глубина указанного канала зависит от строения горы, то есть от высоты, от угла наклона поверхности и естественно от однообразия структуры породы горы.

При истечении благоприятствующих условий, уровень плотности гравитации в теле вулкана резко уменьшается, что способствует временному снятию высокого гравитационного давления в вертикальном канале вулкана. Гравитационное давление резко расширяющихся пород из глубины нарастает и образует вертикальный гравитационный удар по указанному каналу.

При резком уменьшении плотности гравитации в вертикальном канале происходит структурное изменение породы, связанное с распадом и разделением атомов более тяжелых элементов на простые элементы. В процессе быстрого расширения глубинных пород в жерле вулканического канала, произойдет разделение ядер тяжелых элементов, в результате в канале происходит выделение огромной энергии в виде плазмы.

Указанный процесс можно сравнить со взрывом ядерной бомбы, но только с одной разницей. Ядерная бомба взрывается в среде с постоянным гравитационным уровнем плотности с мгновенным выделением огромной энергии и имеет принудительный характер, в результате которого остатки ядерного распада долго сохраняют свою радиоактивность. При взрыве в чреве вулкана резко уменьшается уровень влияния плотности гравитации, в результате ядерный распад происходит растянутым во времени и полностью, не оставляя элементов с незаконченным радиоактивным распадом.

Благоприятствующими условиями, пробуждающими спящий вулкан, возможно, являются — прохождение центральной области глубокого циклона или аномальные геомагнитные явления в ионосфере прямо над вулканом, способствующие понижению уровня плотности гравитации в самом теле вулкана.

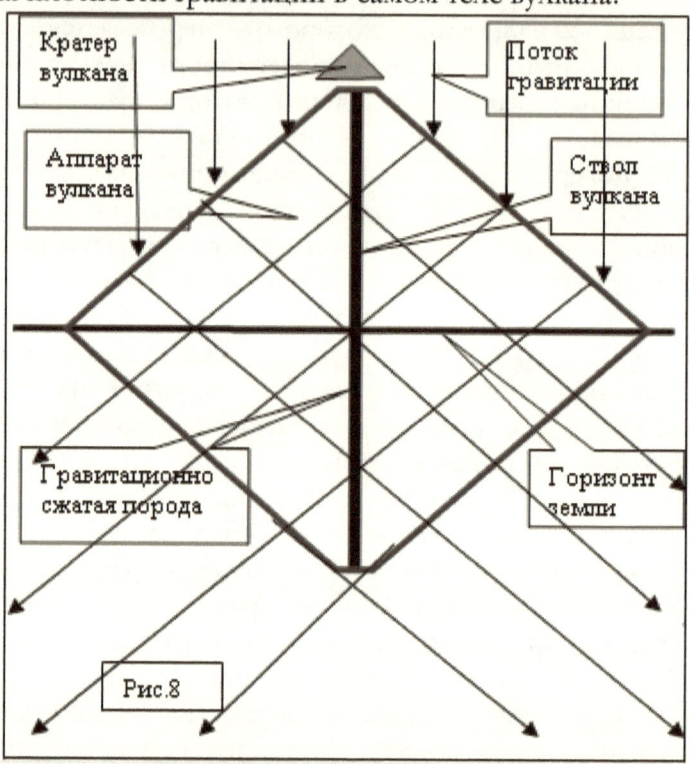

На самой вершине горы, где радиус конуса ничтожно мал, плотность сфокусированного потока гравитации недостаточна, чтобы канал образовался до самой вершины горы. В результате, когда по указанному каналу первый раз вверх поднимается гравитационный удар расширяющихся пород, вместе с ним газы и расплавленная порода, на самом конце они выбрасывают макушку, то есть саму вершину горы и образуют кратер. Средний диаметр основания кратеров вулканов составляет около 500 метров. В зависимости от наклона вулкана, высота кратера составляла бы около 300 метров. Тогда можно предположить, что, если на равнине можно сложить горную породу в конусообразную гору высотой около 500 метров, искусственно можно создать вулкан, который при благоприятных условиях будет извергаться.

Поднимающийся гравитационный удар сопровождается землетрясениями, акустическими явлениями, изменениями магнитных свойств, а также выбросом фумарольных газов, выделяющихся из расширяющихся и распадающихся пород в центральном канале вулкана. Извержение обычно начинается усилением выбросов газов сначала вместе с темными, холодными обломками, а затем с раскаленными. Эти выбросы в некоторых случаях сопровождаются излиянием расплавленных в процессе расширения пород. Давление в канале вулкана, образующееся в процессе расширения пород, огромное, поэтому часто имеет взрывной характер и высота подъема газов, паров воды, насыщенных пеплом и обломками лав, достигает стратосферу. Такому высокому поднятию газов способствует низкое гравитационное давление, образованное над вулканом.

Указанная версия дает основания предполагать, что главной движущей силой в вулканах является ядерный распад тяжелых элементов, находящихся под огромным гравитационным давлением. Прогнозировать активность вулкана можно путем постоянной регистрации изменения уровня влияния плотности гравитации над кратером.

4. Изменение гравитации в пирамидах

Если это действительно так, тогда можно очень просто объяснить тайну пирамид фараонов.

Все, что связано с пирамидами, окутано недоступной тайной. Историки объясняют эти громадные строения стремлением правителей увековечить свое имя. Начиная с подъема огромных каменных блоков и использования в усыпальнице фараонов радиоактивных материалов, до предназначения самого строения остается загадкой для человечества.

Нам известно, что пирамида правильной формы, основание четырехугольное, горообразная. Вертикальный поток гравитации, в отличие от конусообразной горы, в теле пирамиды аккумулируется не в одну вертикальную линию, а в двух вертикальных плоскостях с нарастающим вниз уровнем плотности гравитации. В местах пресечения этих вертикальных плоскостей образуется ось, однако, плотность потока гравитации на этой вертикальной линии значительно ниже по сравнению с вулканической горой (рис.9).

В результате под пирамидой образуется вертикальный, четырехсторонний клинообразный поток гравитации, пронизывающий земную твердь в несколько десятков и сотни метров. Гравитационное сжатие породы происходит по этой линии и имеет разную плотность на ее отдельных участках.

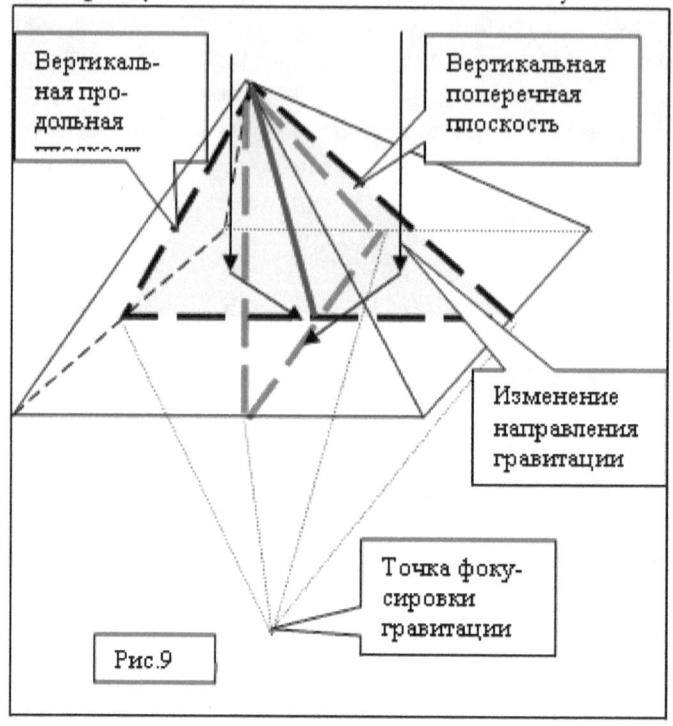

Рис.9

Можно предположить, что во времена правления фараонов жрецы обладали знанием о тайной силе гравитации и с помощью пирамид умели создавать искусственную гравитационную аномалию с повышенным уровнем гравитации. На этих участках, где действует гравитационная аномалия с повышенным уровнем плотности, изменяются пространственно-временные характеристики. Побывав на определенных участках искусственно созданной повышенной гравитации, жрецы могли приобретать свойства воспринимать те спектры электромагнитных волн, недоступных человеческому восприятию в обычных условиях. В этих условиях они, как операторы, могли считывать те информации, которые были не доступны на поверхности Земли. Таким образом, они могли совершать путешествия в пространстве и во времени, общаться с духами погибших фараонов. Однако, они знали, что долгое пребывание в этих участках чревато опасно для здоровья человека, которое приведет к истощению резерва живых клеток и организма в целом, по этому жрецы держали специальных оракулов – операторов.

Если это так, тогда вся тайна пирамид находиться в глубине нескольких десятков метров, где расположены ритуальные помещения с искусственными гравитационными аномалиями с повышенным уровнем гравитации, вход в которых охраняет грозный сфинкс.

5. Участие гравитации в цепных ядерных реакциях

Цепная реакция при ядерном взрыве происходит с непременным участием гравитационных сил, в связи, с чем выделяется огромная энергия.

Цепная ядерная реакция — последовательность единичных ядерных реакций, каждая из которых вызывается частицей, появившейся как продукт реакции на предыдущем шаге последовательности. Примером цепной ядерной реакции является цепная реакция деления ядер тяжёлых элементов, при которой основное число актов деления инициируется нейтронами, полученными при делении ядер в предыдущем поколении.

Таким образом, каждый цикл ядерной реакции создаёт условия для следующего цикла, и реакция может стать самоподдерживающейся. Если количество ядер, вовлекаемых в следующий цикл, больше предыдущего, то количество ядер, участвующих в реакции увеличивается лавинообразно. В реакции деления это отвечает ядерному взрыву. Если количество ядер, участвующих в цепной реакции, удаётся поддерживать на одном уровне, то говорят об управляемой цепной ядерной реакции.

Теория цепной ядерной реакции создана в 1938 г. Я.Б. Зельдовичем и Ю.Б. Харитоном. [56]

Цепная реакция практически осуществляется лишь на трех изотопах. Один из них – уран-235 ($_{92}U^{235}$), который присутствует в природном уране (0,7%), а два других – уран-253 ($_{92}U^{253}$) и плутоний-239 ($_{94}Pu^{239}$) получают искусственно. Ядро урана-235 под действием нейтрона делится на два радиоактивных осколка неравной массы бария и криптона, разлетающихся с большими скоростями в разные стороны, и два-три нейтрона. Продуктами деления ядер урана-235 могут быть и другие изотопы бария, ксенона, стронция, рубидия и т. д. Такая реакция сопровождается выделением огромной энергии. Например, при полном сгорании 1 г урана выделяется $8,28 \cdot 10^{10}$ Дж энергии, как при сгорании 3 т угля или 2,5 т нефти. Первую управляемую ядерную реакцию осуществил Ферми (США) в 1942 г.

Для чистого $_{92}U^{235}$, имеющего форму шара, критическая масса равна 50 кг, а радиус шара - примерно 9 см. Применяя замедлитель нейтронов и отражающую нейтроны оболочку из бериллия, удалось снизить критическую массу до 250 г. [57]

Превращение вещества в цепных реакциях сопровождается выделением свободной энергии лишь в том случае, если вещество обладает запасом энергий. Последнее означает, что микрочастицы вещества находятся в состоянии с энергией покоя большей, чем в другом возможном, переход в которое существует. Самопроизвольному переходу всегда препятствует энергетический барьер, для преодоления которого микрочастица должна получить извне какое-то количество энергии — энергии возбуждения. Экзоэнергетическая реакция состоит в том, что в следующем за возбуждением превращении выделяется энергии больше, чем требуется для возбуждения процесса. Существуют два способа преодоления энергетического барьера: либо за счёт кинетической энергии сталкивающихся частиц, либо за счёт энергии связи присоединяющейся частицы.

Если иметь в виду макроскопические масштабы энерговыделения, то необходимую для возбуждения реакций кинетическую энергию должны иметь все или сначала хотя бы некоторая доля частиц вещества. Это достижимо только при повышении температуры среды до величины, при которой энергия теплового движения приближается к величине энергетического порога, ограничивающего течение процесса. В случае молекулярных превращений, т. е. химических реакций, такое повышение обычно составляет сотни градусов Кельвина, в случае же ядерных реакций — это минимум 10^7 К из-за очень большой высоты кулоновских барьеров сталкивающихся ядер. Тепловое возбуждение ядерных реакций осуществлено на практике только при синтезе самых легких ядер, у которых кулоновские барьеры минимальны (термоядерный синтез).[56]

Возможно, при цепном делении ядер тяжелых элементов повышение температуры достигается посредством гравитационного сжатия сталкивающихся ядер. После образования критической массы, в начальном этапе, реакция происходит поглощением нейтрино. Последнее, как известно, отвечает за образование гравитационных сил. В результате, вокруг критической массы на доли секунды образуется собственное поле тяготения или локальное гравитационное поле. Образовавшееся локальное гравитационное поле максимально сжимает ядра урана друг другу и способствует их тепловому возбуждению. Высокая температура создает условие для начала цепной реакции. При образовании цепной реакции, остановится поглощение нейтрино, что приводит к исчезновению локального поля гравитации вокруг критической массы. Вот теперь для прохождения цепной реакции созданы все условия.

Мощность энергии взрыва атомной бомбы выражается в эквиваленте килотонн тротила. Взрыв тротила происходит в результате молекулярных превращений и химической реакции с выделением тепла и расширением объема продуктов превращений. В цепной реакции выделяется больше тепла, однако огромного расширения объема продуктов превращений не происходит.

Таким образом, для проведения цепной реакции деления тяжелых ядер, необходимо образования локального гравитационного поля вокруг критической массы. Такое локальное гравитационное поле гораздо слабее в сравнении с гравитационным полем Земли и существует в очень коротком промежутке времени. От условий образования локального гравитационного поля и его уровня плотности прямо зависит длительность протекания цепной реакции.

Признаки и эффекты, появляющиеся во время испытаний ядерных взрывов, свидетельствуют о наличии такого локального гравитационного поля. Специалисты и военные, участвовавшие в испытаниях ядерных бомб при подземном взрыве, свидетельствуют, что в момент взрыва происходили странные аномальные явления.

На Семипалатинском полигоне С.А.Алексеенко с еще двумя военными специалистами были у оголовка скважины, когда прямо под ними на глубине 3 км грянул взрыв: «Что-то меня подняло, находящиеся впереди меня люди оказались вдруг внизу и какими-то уменьшившимися. Я перестал ощущать под собой землю, казалось, весь земной шар исчез... Затем послышался тяжелый-претяжелый вздох откуда-то снизу, после чего я очутился на дне глубокого оврага. Иванов исчез из поля зрения, а Константин Михайлович оказался на краю обрыва,- я увидел его как бы через огромную линзу увеличенным в несколько раз! Потом волна схлынула, мы все опять стояли на ровной поверхности, которая, как кисель, содрогалась... Затем будто резко прихлопнули дверь в иной мир, дрожь прекратилась, и земная твердь вновь застыла, вернув мне ощущение реальной силы тяжести...» [58]

VI. Влияние гравитации на образование цунами
1. Характеристика цунами и официальная точка зрение на природу цунами

В океанах и морях часто возникают губительные гигантские волны, которые опустошают побережья. Такие волны называются цунами, а в Европе их называли приливными волнами. Волны цунами настолько длинны, что в открытом море они как волны не воспринимаются. Длина их волн составляет от 150 до 200 км. В открытом море цунами не очень заметны: высота волны (т.е. вертикальное расстояние от гребня до впадины) составляет всего несколько десятков сантиметров и относятся к типу колебательных волн. Но, добежав до мелководного шельфа, колебательная волна превращается в поступательную и становится выше, вздымается и превращается в движущуюся стену. Причем чем круче побережье, тем выше и мощнее волна. Входя в мелководные заливы или устья рек, волна становится все выше и выше. При этом, она замедляет ход и, подобно гигантскому валу, накатывается на сушу. Скорость цунами тем выше, чем больше глубина океана. При средней глубине Тихого океана около 400 м теоретически вычисленная скорость цунами составляет 716 км/час. Это выглядит неправдоподобно, однако максимальная измеренная скорость волны цунами может быть до 1000 км/час. Обычно, они образуют серию из 3–9 волн, расстояние между гребнями которых составляет 100–300 км, а высота при приближении волн к берегу достигает 30 м и более [24].

Распределение цунами связано, как правило, с областями сильных землетрясений на дне океана и морей или прибрежных зонах. Оно подчинено четкой географической закономерности, определяемой связью сейсмических районов с областями недавних и современных процессов горообразования. Известно, что большинство землетрясений приурочено к тем поясам Земли, в пределах которых продолжается формирование горных систем. Наиболее часты землетрясения в областях близкого соседства крупных горных систем с впадинами морей и океанов [25].

Результаты изучения и анализа мест расположений складчатых горных систем и областей концентрации эпицентров землетрясений выявили две зоны земного шара, наиболее подверженные землетрясениям. Одна из них занимает широтное положение и включает Апеннины, Альпы, Карпаты, Кавказ, Копет-Даг, Тянь-Шань, Памир и Гималаи. В пределах этой зоны цунами наблюдается на побережьях Средиземного, Адриатического,

Эгейского, Черного и Каспийского морей и северной части Индийского океана. Другая зона расположена в меридиональном направлении и проходит вдоль берегов Тихого океана. Последний как бы окаймлен подводными горными хребтами, вершины которых поднимаются в виде островов (Алеутские, Курильские, Японские острова и другие) [26].

Из каждых 100 сильных землетрясений, случающихся, например, в Тихом океане, только одно порождает цунами. Наиболее крупные подводные землетрясения зарождаются в глубоководных океанических желобах. Японский, Алеутский, Курило-Камчатский и Перуано-Чилийский глубоководные желоба наиболее часто становятся местами возникновения волн цунами. При извержении вулкана Кракатау в Индонезии в 1883 году, образовавшаяся волна с высотой 36-40 м, за несколько минут достигла берегов островов Явы и Суматры, подхватила голландский военный катер и выбросила его на расстояние 3,5 км от берега. Волна прокатилась по всем океанам, ее отмечали даже в Панаме, на расстоянии 18350 км [24].

Наиболее выразительным является цунами, возникший в декабре 2004 года у берегов Юго-Восточной Азии. В результате землетрясения в океане образовалось гигантское цунами. Его высота в открытом океане составила 0,8 м, в прибрежной зоне 15 м, а в зоне заплеска — 30 м. Скорость волны в открытом океане достигла 720 км/ч, снизившись по мере торможения в прибрежной зоне до 36 км/час. Через 15 минут после первого толчка волна достигла и смела северную оконечность Суматры. Через полтора часа она обрушилась на побережье Таиланда, через два часа достигла Шри-Ланки и Индии, за восемь часов прошла Индийский океан, а за сутки — впервые в истории наблюдения волн цунами! — обогнула весь Мировой океан. Даже на тихоокеанском побережье Мексики её высота составила 2,5м. Рождественская волна 2004 года унесла жизни около 300 тыс. человек.

Имеется достаточное число описания накатов цунами на побережья. Цунами детально было описано С.Т. Крашенниковым, который в 1775 году стал свидетелем катастрофы на побережье Камчатки. Он обратил внимание, что перед приходом главной волны море отступило так далеко, что «его не стало видно, обнажилось скалистое дно между островами, которое ранее не было доступно человеческому глазу». Он далее пишет, что волна, которая нахлынула на скалистое побережье, имела высоту 70 м. Бенгт Даниельсон описывает цунами, которое в 1972 году затопило остров

Питкерн. «Приблизительно через 20 минут после того, как из залива исчезла вся вода, пришел первый предвестник наводнения - мощный серый водяной «ковер», который постепенно расстилался по пустому до тех пор заливу, а затем подступил к самым высоко вбитым сваям. Когда же этот «ковер» с громовым грохотом отступил, мы увидели надвигающуюся волну. Она близилась, как стена и росла. Больше, чем раскаты грома, что доносилось от приближающей волны, страх нагонял сам вид водоворота перед ней, в котором крутились целые обломки скал и тяжелых стволов деревьев. Все это происходило несколько минут и тем не менее залив после этого выглядел, словно после битвы» [24].

В научных кругах принято считать, что цунами возникают чаще всего в результате подводных землетрясений и разрывов между поднимающимися и опускающимися горными хребтами в глубоководных впадинах, отделяющими цепи островов от малоподвижной области дна Тихого океана. Вертикальное смещение участков морского дна передается водному столбу, и на поверхности океана образуются волны. Условием этого является то, чтобы такого рода подвижка произошла в ограниченной области. Чем сильнее землетрясение, тем больше вероятность возникновения цунами [16,18].

При этом механизм возникновения цунами в результате землетрясения объясняется следующим образом. В момент резкого погружения участка дна океана и возникновения на дне моря впадины вода устремляется к ее центру, переполняет впадину и образует громадную выпуклость на поверхности. При резком поднятии участка дна океана вытесняется значительная масса воды. На поверхности океана при этом возникают волны цунами, быстро расходящиеся во все стороны.

Другим источником цунами могут служить вулканические извержения. Крупные подводные извержения обладают таким же эффектом, что и землетрясения. На поверхности океана возникает волнение, и волны распространяются от центра во всех направлениях. При сильных вулканических взрывах образуются кальдеры, которые моментально заполняются водой, в результате чего может возникнуть высокая и длинная волна [24].

Однако, в таком случае волна на поверхности воды должна иметь физическое происхождение, то есть являться следствием механических смещений пластов дна. Если глубина океана незначительная, такая волна может иметь высоту до нескольких десятков метров, но его длина не превысит несколько сот метров.

Длинные многокилометровые волны не могут образоваться таким механическим путем.

Для возникновения цунами таким образом, дно океана с общей площадью сотни тысяч квадратных километров должно подниматься на сотни метров. Во время землетрясения и извержения вулкана сотрясение и смещение земной коры такого масштаба не происходит, да и оно не реально.

2. Свойства и признаки цунами

В соответствии законами гидродинамики физики, ограничивающими распространения продольных и поперечных сейсмических волн в жидкой среде, землетрясения не может служить источником возникновения цунами. Также, кальдеры, образованные при подводных вулканических взрывах, не могут служить источником возникновения цунами, так как их размеры никак не совпадают с длиной волны цунами.

Итак, внезапное отступление воды от берега - верный признак цунами. Если обычно понижение уровня моря, предшествующее наступлению волн цунами на берег, продолжается от 5 до 35 минут, то при землетрясении в Писко (Перу) отступившие воды моря возвратились лишь через три часа, а у Санта – даже через сутки. При этом, цунами появлялся без сопровождения сейсмических колебаний.

Нередко наступление и отступление волн цунами происходят здесь несколько раз подряд. Так, в Икике (Перу) 9 мая 1877 года первая волна обрушилась на побережье спустя полчаса после основного толчка землетрясения, а затем в течение четырех часов волны наступали еще пять раз. Во время этого землетрясения, эпицентр которого был расположен в 90 км от перуанского берега, волны цунами достигли берегов Новой Зеландии и Японии [24].

На основании изложенного можно выделить характерные признаки Цунами:

1. Длина волн цунами должна быть сотни километров;
2. Высота его волны в открытом океане не должна превышать нескольких метров;
3. Скорость распространения волны достигает 1000 км/час;
4. Количество волн ограничивается от 3 до 9;
5. Предшествует понижение уровня воды от 5 до 35 минут и более;
6. Дальность распространения волн до десятки тысяч км;

7. Цунами часто сопровождается землетрясениями и извержениями вулканов;

8. Цунами может возникать самостоятельно, без сотрясения дна моря;

9. Время возникновения цунами часто не совпадает с землетрясениями;

10. Цунами образуется в открытом водном пространстве и распускается кольцеобразно;

11. Волна цунами имеет большую потенциальную энергию, которая сохраняется очень долго;

12. Скорость волны цунами увеличивается с глубиной воды;

13. Волны одного цунами не имеют определенной частоты повторения;

Анализ всех признаков возникновения цунами дает основания предполагать, что эти волны не являются последствием землетрясений и извержений вулканов, а являются отдельным и самостоятельным природным явлением и катаклизмом, выражающимся аномальным колебанием поверхности водной толщи океанов и морей. Установлено, что землетрясение не обязательно влечет за собой извержение вулканов и цунами, и наоборот, вулканическая деятельность не всегда сопровождается сейсмическими возмущениями и цунами. Перечисленные природные катаклизмы могут существовать самостоятельно или сопровождать друг друга. Цунами связано с землетрясением и извержением вулкана только источником и местом их образования.

3. Гравитационные причины возникновения цунами

Можно предположить, что источником возникновения землетрясений и цунами, а также извержения вулканов, являются аномальные явления в потоке гравитации Земли, отличающиеся только глубиной их происхождения.

По сути цунами является приливной волной, возникающей в результате аномалий в гравитационном потоке Земли. Такая приливная волна образуется под воздействием притяжения Луны, при этом она не имеет скорости быстрого распространения. Например, у одного из островов на экваторе, где глубина океана 1000 метров, когда Луна находится на зените, вода поднимается на 2 метра. Значит лунная гравитация $g_л$ = 0,00003349 м/сек² понижает земное гравитационное давление на воду в глубине 1000 м и земная центробежная сила расширяет и выталкивает воду вверх в указанной толщине на 2 метра.

Если происходит резкое уменьшение уровня плотности гравитации, это сопровождается скачкообразным увеличением и расширением гравитационно-сжатого объема планеты, что в свою очередь вызывает, многочисленные катаклизмы на определенных участках земной поверхности и на различной глубине оболочки Земли.

Форма, которую мы видим в разрезе Земли, является той самой более или менее уравновешенной гравитационной формой, какую достиг земной шар. Существуют и локальные отклонения от геоида. Например, Гольфстрим возвышается над окружающей поверхностью воды на 100-150 см, возвышено Саргассово море и наоборот понижен уровень океана у Багамских островов и над желобом Пуэрто-Рико. Причиной этих небольших различий являются гравитационные аномалий, способствующие изменению силы тяжести в водной массе.

Причина возникновения цунами имеет гравитационный характер. Если теоретически смоделировать рождение цунами вследствие землетрясения, становится очевидным, что для возникновения на поверхности океана волны такой длины, дно океана с площадью десятки тысяч квадратных километров должно подниматься и опускаться на сотни метров. Землетрясения с такими огромными масштабами не зафиксированы ни одной сейсмической станцией мира. [26,16]

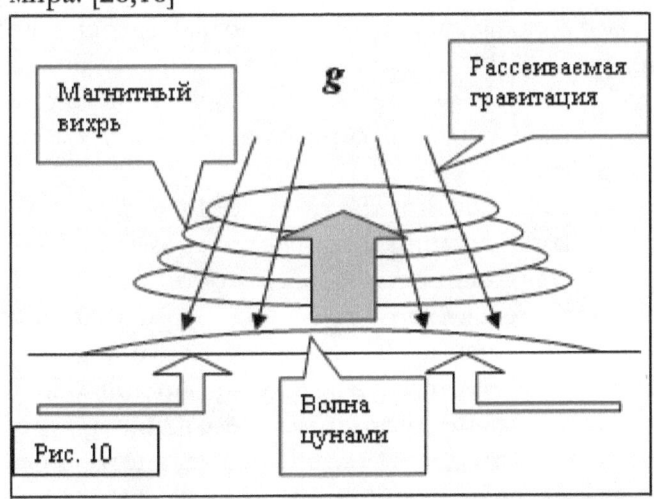

Цунами образуется в результате увеличения либо уменьшения уровня плотности потока гравитации в жидкой среде, что приводит к сжатию или расширению жидкости и изменению его плотности.

На определенном участке поверхности океана или моря образуется низменность или выпуклость, которая после нормализации гравитации образует длинную кольцеобразную волну (рис.10). Высота образования этой приливной волны зависит от глубины океана, то есть от толщины воды, которая подверглась гравитационному расширению. При прохождении циклонов и антициклонов также образуются стоящие длинные волны в океанах, однако, без скорости кольцеобразного распространения. Эти волны движутся вместе с циклоном, поэтому они особо не ощутимы в окружении.

Возможно, к цунами имеют прямые отношения явления, зафиксированные многими космонавтами. Они, находясь на орбите, неоднократно наблюдали отдельные участки в океанах, где их поверхность в диаметре сотни километров поднимались, образовывая своеобразную форму выпуклой линзы.

Красноречивую запись об этом сделал в бортжурнале космонавт Владимир Коваленок: «Нет и не может быть сомнения в разных уровнях воды в океане. Явление редкое, но явное». Космонавту удалось наблюдать своеобразные «купола» - местные кольцевые поднятия воды диаметром 200-300 километров. Обычно вокруг «купола» клубятся кучевые облака, как бы притягиваясь к нему со всех сторон, свидетельствующие о понижении уровня плотности гравитации. Наиболее часто такие поднятия воды наблюдались в районе Бермудского треугольника, а также к западу от Калифорнии. Ему довелось увидеть и другую форму водного поднятия. В Тиморском море у Австралии он наблюдал высокий водяной вал протяженностью до 100 км. Аналогичную картину описал Валерий Рюмин: «В Индийском океане мы с Владимиром Ляховым видели вспучивание воды. Будто два огромных, километров на сто, вала сошлись в борьбе.

Чем можно объяснить такое явление? Возможно, здесь уровень плотности потока гравитации Земли имел аномально высокий или низкий уровень напряженности. Поверхность океана проваливалась или поднималась из-за того, что на этом участке вода, под воздействием повышенного уровня плотности гравитации, становилась большей плотности и под повышенным атмосферным давлением опустилась до десятки метров от общего уровня океана или наоборот поднималась. Такая зона с аномальным уровнем гравитации может сохраняться долго и перемещаться в любом направлении. В случае ее совпадения с зоной аномального явления гравитации на дне океана, повышенный уровень гравитации нормализуется, проваленная вода быстро поднимается и порождает гигантскую волну. При этом повышенный уровень гравитации от места аномалии быстро распространяется по кругу на несколько тысяч километров и в своем пути сопровождается длинной приливной волной. Таким образом, волны цунами сопровождаются волной повышенного потока гравитации.

Повышенный уровень плотности гравитации в воде отличается от давления воды тем, что первое действует на ядро атомов молекулы воды, а давление воды - на электронную оболочку атомов молекулы воды. При воздействии повышенной гравитации на ядро атома молекулы воды, она, не зависимо от плотности, становится тяжелее других аналогичных атомов воды из зоны нормальной гравитации. Сжатие приводит к снижению уровня океана на несколько десятки метра, в зависимости от размеров водной толщи и вытесняя воду из зоны. В итоге, образуется стоящая водная низменность в диаметре несколько сот километров, которая в случае нормализации гравитационной аномалии резко поднимается, совершая несколько колебаний и порождает длинные приливные волны, скорость распространения которых прямо пропорционально глубине моря. Быстрое распространение волн магнитных возмущений, источников изменения уровня плотности гравитации, в ионосфере происходит аналогично динамике северного сияния.

Анализ изложенных выше фактов и процессов дает основание предполагать, что возникновение цунами напрямую связано с локальными и временными аномалиями в уровне плотности потока гравитации Земли на определенных участках. Таким образом, главным источником образования цунами являются вихревые магнитные возмущения в ионосфере, способствующие изменению направления движения гравитационных потоков, которое приводит к аномалию в уровне плотности гравитации.

Основой всех цунами является аномальное нарастающее изменение в магнитном поле планеты, способствующее резкому скачку уровня влияния плотности гравитации на определенном участке океана, впоследствии которого порождается гравитационный удар в толщах океана. Для прогнозирования цунами необходимо наблюдать из космоса и изучать изменения магнитного поля в ионосфере Земли и определенное поднятие водной поверхности. Путем влияния на участки ионосферы с помощью рентгеновских лучей возможно можно предотвратить угрозу появления цунами.

VII. Влияние гравитации на образование погодных условий

1. Представление о формировании погодных условий в современной науке

В нижнем слое атмосферы – тропосфере, толщиной 10-15 км, температура воздуха с высотой падает. Интенсивность падения температуры с высотой, называемая обычно высотным температурным градиентом, составляет около $0,6^{\circ}$С на 100 м в тропосфере, но ее величина может варьировать в широких пределах, особенно в самом нижнем 500-метровом слое [28].

Разность атмосферных давлений от места к месту служит главной движущей силой ветров и направлены они от области высокого давления к низкому. Вес столба воздуха, простирающегося от земной поверхности до верхней границы атмосферы, зависит главным образом от температуры воздуха. Среднее атмосферное давление на уровне моря составляет 1033 г/см^2 или 760 мм ртутного столба. На высоте 5500 метров составляет 517 г/см^2, следовательно, половина массы земной атмосферы сосредоточена ниже этой высоты. На высоте 25 км атмосферное давление составляет лишь 0,1 г/см^2. Это означает, что более 99,99% массы атмосферы земли сосредоточено в оболочке толщиной всего лишь 25 км, что составляет 1/255 часть радиуса земли [28].

По теории формирования областей низкого давления (циклонов) с холодными и теплыми фронтами, выдвинутой еще в 1920-е годы, основными погодными (барическими) системами являются циклоны и антициклоны. Образование погоды на нашей планете, согласно теории возникновения областей низкого давления и погодных условий, является следствием температурных изменений на поверхности и в атмосфере Земли. Атмосферный воздух Земли перемещается в виде ветра, который переносит тепло от экватора к полюсам и влагу от моря к суше, где она выпадает в виде дождя [29]. Синоптические вихри в атмосфере - циклоны и антициклоны - играют первостепенную роль в формировании погодных условий на больших территориях.

В океане роль синоптических вихрей велика в формировании климата океана. Синоптики утверждают: климатические неурядицы на нашей планете вызваны океаническим течением Эль - Ниньо, парниковым эффектом, тепловым режимом океанов - Тихого и Атлантического. И оценки многочисленных исследователей подтверждают эти выводы. Вместе с тем, метеонаблюдения регистрируют в различных регионах планеты спонтанные погодные катаклизмы, которые не вписываются в рамки существующих моделей погоды.

По указанной теории, единственным источником энергии, вызывающим движение атмосферы, считается Солнце. Неравномерный нагрев поверхности Земли, которая, в свою очередь, нагревает приповерхностный воздух, создает разницу в атмосферном давлении. Холодный воздух плотнее, поэтому он опускается вниз и создает область высокого давления [30].

Погодные системы – это круговые области вихревых потоков воздуха шириной от 150 до 4000 км. Их толщина сильно колеблется, достигая 12-15 км и располагаясь фактически по всей высоте тропосферы. Толщина других, более мелких и быстро перемещающихся систем, не превышает 1-3 км. Погодные системы характеризуются изменениями давления воздуха, а также различными обдувающими их ветрами [29]. На карте погоды депрессии – циклоны – отличаются более компактным расположением изобар (линии, соединяющих точки с одинаковым давлением). Чем ближе изобары расположены друг к другу, тем сильнее ветер.

Циклон (рис.11) представляет собой область пониженного атмосферного давления с восходящими потоками воздуха. Поэтому для циклона характерна облачная, дождливая погода. В циклонах ветры дуют в направлении, противоположном антициклонам, а именно – против часовой стрелки в Северном полушарии и по часовой стрелке – в Южном.

Антициклоны, или области повышенного давления с нисходящими воздушными потоками, обычно характеризуются устойчивой погодой, которая чаще всего существенно не меняется в течение нескольких дней. Для антициклонов обычно характерны легкие ветры и чистое небо. Отсутствие облачности означает, что тепло, излучаемое поверхностью Земли, улетучивается в космическое пространство. В результате почва и приповерхностный слой воздуха быстро охлаждается ночью [29].

Как правило, поток циклона имеет значительную западную составляющую, поэтому циклоны обычно движутся с запада на восток, отклоняясь при этом к югу. Скорость перемещения циклона составляет в среднем 30-40 км/ч. На стадии затухания (на четвертые-пятые сутки с момента своего зарождения) скорость перемещения циклона резко замедляется и начинается процесс его заполнения, то есть разрушения. Антициклоны значительно чаще, чем циклоны, становятся малоподвижными и могут сохраняться без существенного изменения много дней. Направление перемещения антициклонов также определяется направлением ведущего потока. Однако в отличие от циклонов в движении антициклонов преобладает составляющая, направленная к низким широтам.

Метеорологи тщательно изучили последовательность погодных условий, связанных с циклоном, которая последует сверху вниз. Тонкие перистые облака верхнего яруса часто являются предвестниками циклона. Вскоре появляются более плотные высокослоистые облака среднего яруса, за которыми следуют серые слоисто-дождевые нижнего яруса. Эти облака обычно несут дожди, льющие в течение нескольких часов, прежде чем пройдет теплый фронт [33]. Указанный порядок образования циклона показывает, что весь столб воздуха с установленным температурным порядком в его разрезе начинает движение одновременно и его охлаждение начинается сверху.

Когда со спутников были получены первые снимки Земли, ученые обратили внимание на круговерти облаков в районе экватора. Этот процесс объяснялся тем, что указанные погодные системы образуются в результате подъема тепла и влаги от поверхности земли в верхние слои воздуха. Иногда некоторые из них сливаются и движутся в сторону от экватора, формируя мощные системы низкого давления, называемые тропическими циклонами, а также ураганы в Северной Америке, тропические штормы в Австралии и тайфуны в Восточной Азии [29]. В атмосфере крупные вихри возникают во всех частях земного шара, однако лишь во внетропических широтах они отличаются большой мощностью и интенсивностью. Слабое развитие получают циклоны и антициклоны в экваториальной зоне. Вместе с тем вблизи этой зоны возникают и развиваются тропические циклоны (тайфуны, ураганы), которые отличаются от внетропических сравнительно малым диаметром (порядка сотен километров), но значительно большими градиентами давления и скоростями ветра.

Однако не ясно, как и почему возникают муссоны, которые льют дожди месяцами, так же не выяснена причина возникновения торнадо. Существующая теория образования циклонов также не может объяснить образования облачных круговертов и строгую направленность их вращения. В теории формирования областей низкого давления (циклонов) и погодных условий влияние гравитации на указанные процессы в счет не принимается. В результате указанная теория не полностью объясняет суть происходящих процессов в атмосфере.

2. Новый взгляд на процессы формирования погодных условий

При изучении существующей теории образования областей низкого давления и погодных условий, сопоставлении ее с фактическими наблюдениями обнаруживаются некоторые противоречия. Так, сами по себе встреча холодных и теплых фронтов, независимо от направления вращения круговерти, должна создавать низкое давление и нести дождливую погоду. Горизонтальное движение холодных и теплых фронтов воздуха, а также их перемещение в вертикальном направлении, не способны порождать, и определит направление круговертов, значит, не смогут образовать циклон или антициклон. Восходящий приповерхностный теплый воздух не может поднять весь столб воздуха находящегося над собой, в связи с чем быстро перемешивается с атмосферным холодным воздухом и останавливается. Этот процесс происходит постоянно и постепенно согревает атмосферный воздух до определенной низкой высоты [30,28, 29].

Всем известно, что во время обширных лесных пожаров дым и нагретый приповерхностный воздух имеет высокую температуру, однако они не могут достичь верхних слоев тропосферы для образования дождевых облаков, а стелются на низкой высоте. При этом, в очаге пожара атмосферное давление остается почти неизменным.

Почему? Потому что дым и горячий воздух быстро перемешиваются с холодным атмосферным воздухом и не могут поднять вышележащий слой холодного воздуха, так как остывают. Выходит, что температура воздуха не играет главную роль в движении вверх по атмосфере, хотя способствует этому в некоторой степени. Например, горячий воздух в воздушном шаре не перемешивается с атмосферным воздухом, поэтому шар с легким воздухом вытесняется вверх.

Если учесть, что по существующей теории, определяющим условием образования циклонов и антициклонов является температура воздуха и почвы, заставляющая двигаться воздух вертикально, тогда в экваториальных широтах постоянно должны идти дожди, а в полюсах стоять ясная погода. По мере движения на юг холодный воздух полярных широт постепенно прогревается и не может достигать тропиков. Тем не менее, во второй половине лета и в начале осени над тропическими районами океанов часто наблюдаются циклоны, сохраняющиеся месяцами. Здесь заметна не согласованность теории с природными условиями и явлениями [29]. Иначе как объяснить то, что круговерти циклонов появляются на тропических широтах внезапно и без участия холодного фронта, при этом ветры появляются после изменения атмосферного давления, а муссонные дожди льют месяцами [29, 30, 35].

В 20-е годы прошлого столетия, когда разрабатывалась теория формирования областей низкого давления с холодными и теплыми фронтами, ученые результатами наблюдений из космоса и сведениями о формировании круговертов с диаметром сотен и тысячи километров не располагали. О возможности влияния гравитации на протекание указанных процессов в атмосфере ученые тогда даже не подозревали. Сегодня, когда имеются достаточное количество научных исследований и фактических сведений в этой области, можно предполагать о роли гравитации в образовании погодных условий.

Карта гравитационных аномалий в СССР, составленная академиком А.Д.Архангельским и гравитационная карта Земли, разработанная специалистами NASA, показывают, что разные зоны нашей планеты характеризуются различной силой притяжения, связанные с «шероховатостью» и неоднородностью поверхности Земли(11). Академик И. Яницкий, анализируя многолетние наблюдения, пришел к выводу о влиянии гравитационной энергии на атмосферные процессы. Ученые и исследователи России, США и Франции в процессе исследования изменения погодных условий обнаружили непосредственную связь циклонов и антициклонов с зонами гравитационных аномалии. Однако механизм влияния гравитации на указанные процессы, ее роль в образовании круговерти циклона и антициклона до сих пор не раскрыт.

3. Гравитационный механизм возникновения циклона

В определении направления вращения круговерти циклона и антициклона усматривается неизвестная или непредусмотренная наукой движущая сила, где четко вырисовывается их определенная направленность вращения, характерная для каждого из них.

В данной работе предполагается, что направление вращения круговерти циклона определяется направлением завихрений магнитного поля Земли в ионосфере, способствующих уменьшению уровня плотности гравитации в указанной зоне (рис.11). Это явление усиливается в самом центре циклона, где притяжение земли может приблизиться к минимуму, что приведет к возникновению торнадо, способного поднимать любую массу в состоянии приближенной к невесомости под напором поднимающегося вверх воздуха по спирали. Измерить давление и скорость ветра внутри торнадо не удается, так как ветер торнадо выводит из строя приборы для их определения.

Наблюдаемые из космоса облачные круговерти циклона образовываются именно по очертанию магнитных завихрений и аномалий в ионосфере. При возникновении магнитного завихрения в ионосфере в обратном направлении образуется антициклон, где происходит повышение уровня плотности гравитации, что способствует усилению притяжения земли в центре круговерти, соответственно повышению давления атмосферы.

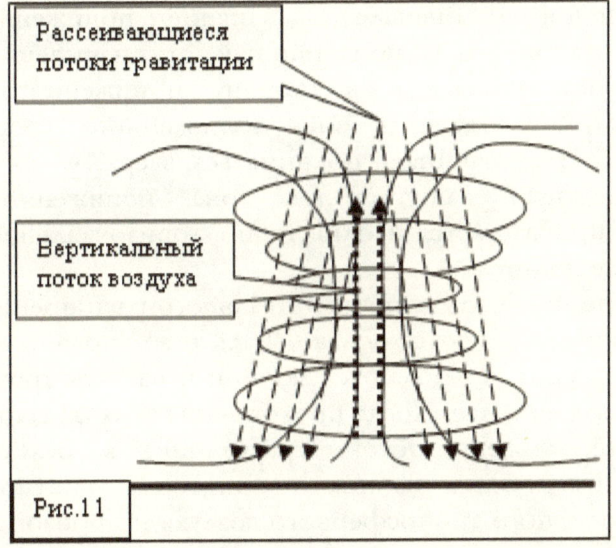

Рассеивающиеся потоки гравитации

Вертикальный поток воздуха

Рис.11

Согласно закона Бойля-Мариотта, если взять определенный объем газа, то при принудительном сжатии газ нагревается, а при расширении охлаждается. Точно такой процесс происходит, когда уровень влияния потока гравитации на атмосферу изменится. Если уровень влияния потока гравитации высокий, тогда воздух атмосферы сжимается и становится тяжелее, соответственно поднимается температура воздуха. Если уменьшится уровень влияния потока гравитации – воздух атмосферы расширяется и становится легче, происходит охлаждение воздуха. Пары воды в воздухе, в результате охлаждения, образуют видимые облака, молекулы воды конденсируются и группируются в водяные капли. Этот процесс сопровождается изменением местоположения ядра в каждом атоме воздуха и выделением определенной энергии внутриатомной связи, которое приводит к образованию электрического заряда в слоях атмосферы. Это является основным источником разряда молнии в атмосфере.

Особую роль в этом играет гравитационное изменение веса молекулы воздуха. Когда на молекулу воздуха действует повышенный уровень влияния потока гравитации, вес атомов молекулы воздуха становится тяжелее. Процесс также сопровождается внутриатомным изменением, но поглощением энергии. Столб воздуха в зоне повышения уровня гравитации становится тяжелее, чем в окружении и начинает падение вниз. В результате воздух в этой зоне начинает движение вниз.

Если наблюдать за движением атмосферного грозового фронта можно зафиксировать следующую последовательность в образовании погоды. Вначале под влиянием пониженного уровня потока гравитации, воздух прилегающей зоны начинает движение в горизонтальной плоскости в сторону пониженного давления, создавая ветры. Далее, в зоне пониженного уровня потока гравитации воздух начинает подниматься вверх, увлекая за собой приповерхностную влагу. Когда зона пониженного уровня гравитации приближается наблюдателю, горизонтальное движение ветра останавливается.

По мере происхождения вертикального расширения воздуха в указанной зоне образуются облако. Только во вновь образующихся облаках этой зоны наблюдаются молнии и раскаты грома, которые сопровождают их далее. После прохождения этих облаков наступает повышенный уровень потока гравитации, в результате чего образовавшиеся облака начинают понижение в атмосфере под влиянием холодного тропосферного воздуха и произойдет процесс смешивания облака. Образуется сильно конденсированное облако, насыщенное мелкими капельками влаги. Дальнейшее охлаждение приведет образованию дождя. Циклон образуется по такому же механизму, с чередующими полосами повышенного и пониженного уровня потока гравитации по спиралевидному кругу.

4. Взаимосвязь магнитных аномалий в ионосфере с циклоном

Магнитное поле Земли имеет более сложный характер, так как оно содержит большое количество аномалий. Изучение мировых магнитных аномалий в ионосфере и литосфере показывает, что они в основном связаны с геологическими особенностями земной коры и подкоркового слоя – верхней мантии.

Подобно круговерти циклонов и антициклонов, наблюдаемых из космоса, в магнитном поле Земли временами образовываются магнитные возмущения в виде вихрей, связанных с процессами, происходящими в ионосфере и в литосфере планеты [36]. Точно также солнечные магнитные бури при встрече с магнитным полем Земли создают магнитные завихрения. Указанные завихрения становятся источниками образования временных магнитных круговертов в ионосфере и достигают в диаметре сотни и тысячи километров, которые по глубине могут охватывать тропосферу и поверхность Земли [36,37].

На карте магнитного склонения ионосферы нашей планеты имеются три большие области, где вертикальная составляющая магнитного поля Земли достигает наибольших значений (0,6-0,7э). Одна из этих областей расположена на севере Канады, вторая – в Антарктиде, третья - в Оймяконе между реками Енисей и Лена. Именно в этих областях атмосфера имеет самое повышенное давление и низкую приповерхностную температуру [36].

В одинаковых температурных условиях поверхности на определенном участке Земли антициклон может меняться циклоном или наоборот. Тепловые изменения поверхности и атмосферы, при этом происходит после смены указанных погодных условий. Практика показывает, что барометр фиксирует изменения атмосферного давления до изменения погодных условий [30]. Предполагается, что при антициклоне под воздействием повышенного уровня плотности гравитации холодный воздух верхних слоев тропосферы медленно спускается вниз, создавая высокое давление.

Наблюдения последних лет показывают, что после запуска из космодрома ракетоносителей резко меняются погодные условия в указанном регионе. При сгорании топлива ракетоносителя происходит ионизация воздуха атмосферы и тропосферы. Продукты сгорания ракетного топлива в ионосфере порождает возмущения и искривления магнитного поля на данном участке земной атмосферы, что является причиной незамедлительного изменения погодных условий в регионе запуска ракеты. Рождается искусственный циклон, для которого предварительное наличие холодных и теплых фронтов воздуха не обязательно.

Наша планета окружена ионосферой — слоем разреженного ионизированного газа на высотах от 70 до 500 км. В этом слое текут мощные электрические токи. Ионосфера и расположенный ниже слой озона поглощают ультрафиолетовое и рентгеновское излучение Солнца. В центре магнитных возмущений, образующихся в ионосфере потоки гравитации начинают отклоняться от своего направления движения. В зависимости от направления вращения магнитного вихря гравитация начинает сфокусироваться или рассеиваться, что создает либо повышенный, либо пониженный уровень плотности гравитации. Указанное изменение уровня плотности гравитации, образовавшееся в ионосфере, приводит к образованию антициклона или циклона, сжимая либо разжимая атмосферу по всей глубине, что порождает вертикальное движение воздуха с изменением его температуры.

5. Влияние гравитации на атмосферное давление

Магнитные вихревые потоки в ионосфере, направленные против часовой стрелки в Северном полушарии и по часовой стрелке - в Южном, способствуют понижению уровня плотности гравитации на глубине нескольких десятков километров, что приводит образованию слабо разряженной зоны в атмосфере. Разряжение в атмосфере приводит к резкому понижению температуры и изменениям структуры влаги в воздухе — образованию водяных капель или кристалликов, которые составят основу осадков.

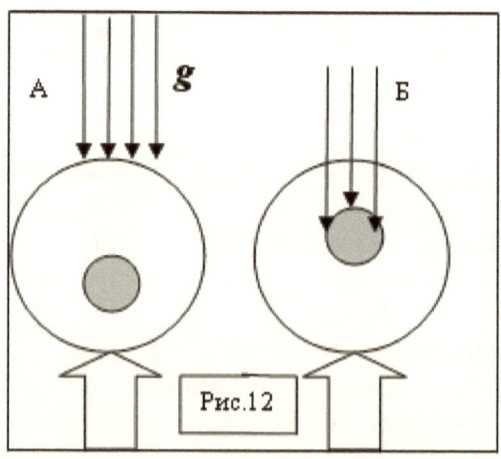

Рис.12

Пониженный уровень плотности гравитации существенно отличается от пониженного давления воздуха тем, что первое действует на ядро атомов молекулы воздуха (рис.12 (Б), а давление атмосферы - на электронную оболочку атомов молекулы воздуха (рис.12 (А). В результате, воздух в зоне магнитной аномалии, по всей высоте атмосферы разжимается (расширяется) и становится немного легче, чем в других регионах (рис.12). Расширение приводит к понижению атмосферного давления. При воздействии пониженной гравитации на ядро атома газов, входящих в состав воздуха, последний, не зависимо от его плотности, становится легче других аналогичных атомов воздуха из зоны нормальной гравитацию. В итоге, образуется пониженное атмосферное давление в зоне пониженной гравитации, что порождает вертикальное движение воздуха вверх (рис.13). Скорость восходящих движений воздуха в циклонах составляет несколько сот метров в сутки. Самый нижний слой этого воздуха в этой зоне заменяется более тяжелым воздухом из приповерхностной окружающей зоны, который, попав в зону пониженной гравитации, также разжимается и поднимается вверх. При достижении воздухом определенной высоты в тропосфере от 3 до 15 км, где температура низкая, происходит его охлаждение, водяные пары конденсируются и образовывают дождевые облака.

Тайфуны (ураганы) и другие мощные горизонтальные движения атмосферы, обычно вызываемые циклонами, особенно сильны в тропических областях. Они возникают, когда воздух в каком-то месте становится легче, чем вокруг. В результате он поднимается, а на его место из окружающей среды устремляются теплые массы воздуха. Особенностью структуры тропического циклона, его феноменальным и загадочным явлением, служит наличие так называемого «глаза бури» - сравнительно спокойного участка в центре урагана, в котором наблюдается штилевая безоблачная погода. Глаз имеет диаметр в среднем 24 км, но иногда достигает 60 км. По боковым границам «глаза» возвышается плотная облачная стена. Скопления облаков и связанных с ними осадков образуют в урагане спиралевидные ответвления от центральной области тропического циклона. Характерной особенностью тропического циклона является также то, что температура воздуха в его ядре на 5-15°С выше, чем за его пределами(38), возможно, связанная аккумуляцией теплого приповерхностного воздуха.

Холодный облегченный воздух в верхнем слое тропосферы в зоне «глаза» вытесняется все выше и выходит из тропосферы, вытесняя облака по сторонам и далее не участвует в образовании облаков, так как влага остается ниже.

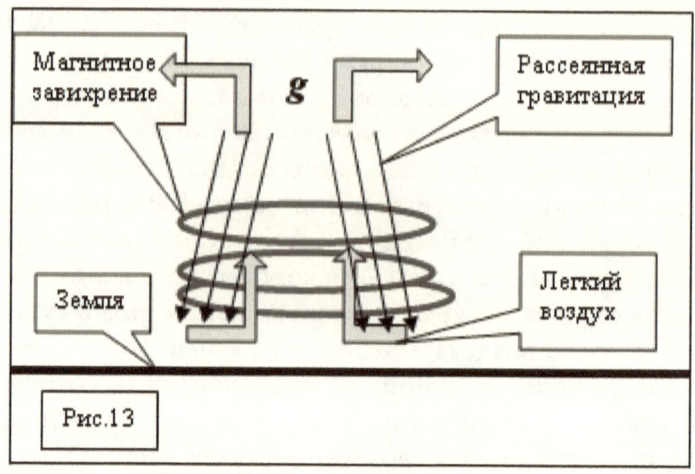

Рис.13

Наличие устойчивой зоны пониженного давления («глаза» тайфуна) приводит к тому, что уровень моря в этой части поднимается. Окружающая часть моря оказывается под повышенным давлением атмосферы, и вода под «глазом» тайфуна, как бы, всасывается в эту зону и вспучивается. В результате возникает неподвижная выпуклость на водной поверхности, по размерам напоминающие волны цунами, которая сопровождает тайфун по всей протяженности его надводного перемещения. Возникающие штормовые ветры подвергают поверхность указанной выпуклости сильным ударам и нагоняют большие волны на берег.

Низкая температура в верхних слоях тропосферы служит ограничителем влаги. Образование осадков зависит от скорости восходящего потока воздуха. Если воздушные потоки поднимаются со скоростью более 27 км/час (максимальная скорость падения дождевых капель), останавливается падение капель и происходит перенасыщение тучи влагой. Это приведет к образованию ливневых дождей, либо града. Освободившись от влаги сухой и охлажденный воздух поднимается выше на поверхность тропосферы и выходя из области пониженной гравитации, распространяется в верхних слоях тропосферы. Этот «легкий воздух» при выходе из зоны пониженной гравитации попадает под воздействие нормальной гравитации, однако самостоятельно вниз не сможет опускаться и остается наверху.

Образование дождя в циклоне происходит по следующей форме. Пониженный уровень плотности гравитации способствует уменьшению атмосферного давления, в результате чего облегченный приповерхностный, влажный воздух поднимается вверх. Образуются кучевые облака, которые сами по себе не дают дождя. Гонимые горизонтальными ветрами кучевые облака начинают движения и попадают в полосу с повышенным уровнем плотности гравитации. Здесь кучевые облака испытывают давление вниз со стороны опускающего вниз высотного холодного воздуха. Кучевые облака перемешиваются, насыщаются парами и становятся сплошными, серыми и ливневыми. Под гравитационным давлением облака опускаются ниже и начинают освобождаться от крупных капель воды.

Облака состоят не из одних только водяных частиц, так как в воздух поднимаются не только водяные пары, но и солевые и сернистые частицы, которые смешиваются в облаках с частицами воды; последствия этого подчас весьма заметны. Так, например, во время грозы сернистые и азотистые частицы воспламеняются и дают взрыв такой силы света и звука, какую мы наблюдаем во время раскатов грома и какая весьма похожа на действие пороха(39).

Имеются данные, позволяющие считать, что пониженное давление в центре циклона и сопровождающие его мощные атмосферные явления способствуют возникновению землетрясений, если земная кора находится в состоянии неустойчивого равновесия. Было подсчитано, что падение барометра на 50 мм рт. ст. уменьшает давление, оказываемое атмосферой на квадратную милю (2,6 км^2) поверхности, на 2 млн. т. В среднем давление в центре тропического циклона составляет 950-960 гПа, довольно часто оно падает до 890 гПа, рекордно низкое давление в центре тропического циклона - около 875 гПа [32].

Завихрение и искривление магнитного поля земли в ионосфере происходят не равномерно, а чередуются разной магнитной плотностью в самой круговерти [32]. В результате уровень плотности гравитации в указанной полосе становится разной [11]. Такая разность гравитации хорошо заметно, когда самолет, пролетая над облачной зоной, попадает в образованные повышенным давлением, так называемые, «воздушные ямы», где поток воздуха идет вниз и повышенная гравитация давит на самолет.

Таким образом, в полосе с пониженным уровнем гравитации образуются облака, а в полосе с повышенным уровнем гравитацией облака отсутствуют, либо расположены очень низко, в результате возникает хорошо видимая из космоса облачная круговерть.

При повышенной гравитации, то есть при антициклоне, движение воздуха вниз начинается с самого верхнего слоя тропосферы. Воздух становится молекулярно тяжелым и на всех уровнях начинает сжиматься и опускаться все ниже и ниже.

В развитых антициклонах давление воздуха в центре может достигать значений 1070 гПа и более. На верхних слоях тропосферы воздух не содержит паров и конденсатов и имеет низкую температуру. Опускание этого слоя воздуха происходит очень медленно, так как основное усилие опускающего воздуха тратится на выдавливание теплого приповерхностного слоя воздуха, при этом может образоваться туман. Холодный воздух постепенно греется, и достигнув поверхность Земли распространяется за пределы повышенного давления в горизонтальном направлении, создавая ветры. В самом центре антициклона образуется небольшой участок с высоким уровнем плотности гравитации, где наблюдается повышенное притяжение Земли. В этой зоне поток холодного воздуха иногда стремительно опускается на поверхность земли и образовывает сильные ветры, переходящие на штормовые. В зимнее время в регионах с суровыми климатическими условиями этот холодный воздух достигает земную поверхность и создает устойчивую ясную морозную погоду. В экваториальных широтах холодный воздух, смешиваясь с теплым приповерхностным воздухом образует низкую облачность или туман. В результате линии потока воздуха в антициклоне принимают форму спиралей, расходящихся от центра.

Объяснение образования погодных условий, а именно циклонов и антициклонов, с точки зрения влияния гравитации, хорошо согласовывается с существующими в атмосфере явлениями. Поэтому необходимо рассматривать одной из главных причин образования погодных условий незначительное отклонение уровня плотности гравитации в атмосфере, вызванное завихрениями магнитного поля Земли в ионосфере.

Таким образом, в образовании погодных условий, циклонов и антициклонов, а также торнадо и тайфун главную роль играет уровень гравитации на определенном участке Земли, колебание которого вызвано аномальными явлениями в магнитном поле планеты. Подтверждением этого может заявление французских исследователей Жан-Поль Мбелек (Jean-Paul Mbelek) и Марк Лашизе-Рэй (Marc Lachieze-Ray), сотрудников французской государственной Комиссии по атомной энергии, которые утверждают, что сила гравитации в разных регионах Земли может быть разной, в зависимости от магнитного поля планеты.

Относительно основных механизмов возникновения тропических циклонов до сих пор не сформировано единой точки зрения. Все исследователи сходятся в том, что для возникновения тропического циклона необходимо зарождение незначительного первоначального атмосферного вихря, который может играть роль спускового механизма. В частности, причиной возникновения первоначального вихря могут служить резкие температурные контрасты поверхности, над которой движется воздух. Некоторые исследователи полагают, что начальные вихри могут создаваться мощными скоплениями кучевых облаков. Определенную роль в зарождении тропических циклонов могут играть бароклинная неустойчивость и конвективная неустойчивость атмосферного воздуха [32].

В последнее время обсуждается следующая гипотеза относительно зарождения первоначального вихря. Статистический анализ показывает, что часто тропические циклоны возникают в зонах гравитационных аномалий, где претерпевает существенные изменения сила тяжести. В этих местах возникает так называемый гравитационный ветер (его скорость составляет несколько метров в секунду), который может сгенерировать первоначальный вихрь. Скорее всего, совокупность перечисленных факторов в том или ином сочетании создает возможности для возникновения первоначального возмущения. Но первоначальный вихрь не всегда приводит к возникновению тропического циклона и перерастанию его в тайфун. Для возникновения тропического циклона очень важно, чтобы температура поверхности океана в месте его возникновения была выше $26{,}5^\circ C$ и, чтобы в нижних слоях атмосферы воздух был в состоянии, близком к состоянию насыщения.

6. Роль гравитации в образовании погодных условий

Источником ветров и движения воздуха в горизонтальной плоскости является вертикальное движение воздуха в зоне гравитационных аномалий. Мантия Земли является источником тепла, а тропосфера является источником холода и воздух находится между теплом и холодом. Вертикальное движение воздуха происходит в результате изменения влияния гравитационного потока, то есть веса воздуха.

При влиянии повышенного уровня гравитации вес воздуха увеличивается и холодный воздух из тропосферы опускается вниз, охлаждая поверхность Земли. Холодный тропосферный воздух сухой, поэтому может создавать только ветры, штормы, в зависимости от скорости опускания на поверхность.

При влиянии пониженного уровня гравитации вес воздуха уменьшается и теплый воздух, подогреваемый теплом из недр Земли, поднимается вверх. Теплый приповерхностный воздух несет испарение и создает кучевые облака. Однако, только колебание уровня гравитации способно образовать осадки. Когда облака попадают в зону повышенной гравитации, повышенный уровень гравитации прижимает обратно вниз образовавшиеся облака, перемешивая и уплотняя их. Так создаются сплошные ливневые облака, которые спускаясь вниз начинают сжиматься, в результате мелкие частицы воды объединяются в капли и под воздействием силы тяжести падают на Землю. Если высотный холодный воздух опускается стремительно, происходит кристаллизация водяных частиц в облаках и образуется град или снег.

При прохождении циклонов образуются длинные приливные волны в океанах, однако, без скорости волнового распространения. Эти приливные волны движутся вместе с циклоном и не имеют ударную силу, поэтому они особо не ощутимы в окружении [31]. При антициклоне аналогичным образом образуется огромная впадина в акватории океана.

На основании изложенного можно предположить, что пониженное атмосферное давление (**циклон**) образуется в результате временного уменьшения уровня плотности гравитации Земли на определенном участке, что способствует молекулярному облегчению воздуха по всей высоте атмосферы и вертикальному движению вверх приповерхностного насыщенного влагой воздуха, который в верхних слоях тропосферы охлаждается и конденсируется, образуя облака.

В центре циклона образуется небольшой участок с диаметром десятки и сотни метров, где гравитация и притяжение Земли может приблизиться к нулю. На этом участке воздух стремительно поднимается вверх, что способствует образованию торнадо и тайфуна.

Повышенное атмосферное давление (**антициклон**) образуется в результате временного увеличения уровня плотности гравитации Земли на определенном участке, что способствует вертикальному движению вниз холодного воздуха из верхних слоев тропосферы, который выдавливает теплый приповерхностный слой воздуха, не давая ему подниматься вверх. В центре антициклона образуется небольшой участок с максимальным уровнем плотности гравитации и притяжения Земли, где холодный воздух из тропосферы стремительно поступает на поверхность земли, что порождает так же штормовые ветры и ураганы.

Таким образом, главным источником образования погодных условий являются вихревые магнитные возмущения в ионосфере, похожие на проявления полярных сияний, способствующие изменению направления движения гравитационных потоков. В целях предотвращения нежелательных погодных условий, магнитные возмущения, образовавшиеся в ионосфере, можно активно обработать рентгеновскими лучами и высокочастотными радиоволнами.

Образование циклонов и антициклонов – обычное состояние атмосферы нашей планеты, где главную роль играет гравитационный вес воздуха, который колеблется под влиянием изменяющегося уровня плотности гравитации. Погодные условия образуются в результате опускания холодного воздуха верхних слоев атмосферы на поверхность Земли и поднятия вверх в атмосферу нагретого теплом земной мантии приповерхностного воздуха. Основой всех вертикальных движений воздуха является аномальное изменение в ионосфере планеты, способствующее понижению либо повышению уровня влияния плотности гравитации на определенном участке Земли. Путем влияния на ионосферу над циклоном с помощью рентгеновских лучей, возможно можно предотвратить угрозу образования тайфунов и торнадо.

7. Связь неботрясении с гравитационными аномалиями

Как показывает практика многолетних наблюдений, в регионе образования циклонов и антициклонов возникают таинственные воздушные звуки, похожие на взрывы в атмосфере. Атмосферные взрывы, напоминающие звуки приглушенных выстрелов старинных пушек, в научном кругу называется неботрясением. Во время неботрясения образуется нисходящий воздушный поток, двигающийся со скоростью в 100 и более метров в секунду. Этот процесс часто сопровождается легким толчком из-под земли, оглушительным взрывом в небе и странным неземным свечением. Помимо атмосферных взрывов ученые довольно пристальное внимание уделяют аналогичному феномену – устойчивому низкочастотному гулу из атмосферы [41].

Указанный процесс в атмосфере можно объяснить только гравитационными аномалиями. Логическая цепь: «неботрясение –

цунами – землетрясение» является следствием резкого изменения уровня влияния потока гравитации по вертикали. Образовавшийся в ионосфере электромагнитное завихрение является началом процесса изменения уровня влияния потока гравитации, который по всей глубине своего проникновения создает изучаемые нами природные явления. В зависимости от мощности образовавшегося магнитного вихря в ионосфере, влияние потока гравитации может возбудить природные явления в атмосфере, гидросфере и литосфере в отдельности или вместе.

Самым ярким примером мощного небтрясения, возможно, является факт Тунгусского взрыва, так как все предшествующие взрыву признаки указывает на это. За месяц до взрыва в регионе наблюдались периодические высотные свечения в атмосфере и ионосфере. В канун взрыва в нижних слоях атмосферы наблюдались резкие погодные изменения, животные и птицы, покинули район взрыва. Взрыв сопровождался сейсмическими явлениями. После взрыва произошли изменения рельефа местности, вплоть до исчезновения некоторых сопок.

Если это было просто падением метеорита, такое столкновение не могло иметь предшествующих признаков.

VIII. Роль гравитации в образовании планеты и эволюции жизни на Земле

«От законов природы никуда не укроешься».
Менандр

Гравитация — это энергия и сила, которая управляет всеми процессами на Земле. Она держит нас на Земле, определяет орбиты планет, обеспечивает устойчивость Солнечной системы. Именно она играет главную роль в химических, физических и биологических процессах, определяя, очевидно, прошлое, настоящее и будущее нашей планеты. Она всегда притягивает, вращает, сжимает и действует на все материальное и нематериальное. Под воздействием этой же силы происходят геотектонические процессы на Земле, формируется лик Земли, идут метеорологические процессы. Также под влиянием гравитации формируются и развиваются живые организмы.

В настоящее время в науке сложилось общепринятое мнение об образовании нашей планеты и зарождении на ней жизни, трактующее весь процесс эволюции с точки зрения неизменности гравитационной постоянной. В результате, периоды развития отдельных процессов и эпох эволюции измерены существующей ныне и общепринятой   мерой исчисления времени, без учета динамики изменения гравитационной постоянной нашей планеты и солнечной системы.

Вместе с тем, по моему мнению, протекание геофизических процессов при образовании нашей планеты, а также зарождение и эволюция жизни на ней происходили в условиях постоянно изменяющегося уровня влияния плотности гравитации, причем по астрономическим меркам, скорость изменения ее уровня могла быть весьма большой. Этот фактор обусловил существенное отличие характерных времен протекания всех упомянутых процессов от нынешних временных характеристик.

1. Образование планеты

С учетом динамики гравитации наша планета образовалась таким образом. После «большого взрыва» по всей вселенной были разбросаны мелкие и большие куски раскаленной массы, вокруг больших кусков, которой собирались мелкие пылеобразные и газообразные частицы.

Основой и причиной образования гравитации являлся центр раскаленного большого куска, где продолжался термоядерный синтез. Из-за беспорядочной динамики и движения куска возник слабый магнитный поток, который со временем усиливался и оказывал направляющее воздействие потоку гравитации. Под воздействием огромной силы давления гравитации тяжелые элементы в центре планеты постепенно меняли свои свойства вступать в термоядерный синтез. Атомы стали терять свои электроны при сильных гравитационных давлениях, в результате чего происходило высвобождение внутриатомной энергии в виде плазмы, которая со временем стала главным источником внутрипланетного тепла. Сильное давление гравитации в этом случае играла роль оболочки, из которой плазма не могла выйти. Таким образом, в центре Земли возникла «белая дыра».

Большой остывающий кусок под воздействием гравитации, медленно набирая скорость начал вращаться вокруг собственной оси в направлении против часовой стрелки.

Центральный участок, где проходил выделение плазмы, был огромным, а поток гравитации, направленный к центру большого куска, был ураганным. Под воздействием гравитации все, что вращалось на дальних подступах вокруг большого куска – мелкие куски, пыль, газ – водород и гелий, по спиральной орбите притягивались к нему. Большой кусок стремительно набирал обороты, что позволило ему сбалансироваться собственной массой и приобретать шарообразный вид. Большой кусок приобрел вид планеты, правда, без привычных нынешних ландшафтов, окутанной пылью и газом, которые плотно прижимались к планете.

Создавшаяся ситуация обусловила образование основных элементов Земли: твердой поверхности – суши и газовой оболочки – атмосферы. Газовая оболочка планеты при этом была наэлектризованной, достаточно тонкой и плотной, а твердая поверхность - горячей и сравнительно гладкой.[14] Поверхность планеты была почти ровной, без высоких образований и глубин, поэтому полностью покрывалась жидкостью, которая под влиянием сильной гравитации была густой и вязкой. Плотная атмосфера имела толщину всего несколько сотни метров и не имела облаков, а ее поверхность сильно ионизировалась в результате попадания космических излучений. [14]

С течением времени постепенно уменьшилась уровень плотности гравитации Солнца, что привело к уменьшению скорости вращения Земли вокруг Солнца и некоторому удалению ее орбиты от Солнца. Температура на поверхности планеты, поддерживаемая внутренним источником, упала до нескольких десятков градусов [14]. Вместе с тем, средняя температура на всей поверхности планеты была достаточно высокой, чем сейчас. Поэтому смена климатических времен года на планете не происходила. При этом уровень гравитации еще была весьма высоким по сравнению с нынешним.

2. Образование тяжелых элементов, радиоактивности и внутрипланетного тепла

Есть основания предполагать, что уровень собственной гравитации нашей планеты после ее образования был очень высоким. Ускорение свободного падения на поверхности Земли было значительно больше нынешнего. По этому плотность вещества планеты также была большой, а ее диаметр был намного меньше нынешнего.

В этих условиях химические элементы в глубине планеты сливались и образовывали тяжелые элементы. Они сконцентрировались ближе к центру, где не могли проявить радиоактивные свойства, а более легкие – ближе к поверхности Земли. Радиоактивный распад – результат последствия уменьшения гравитационного давления, который приводит к разделению и распаду нуклонов ядер тяжелых элементов.

Гравитация взаимодействует с ядром атома, прижимая его к электронной оболочке. При этом, ядро атома непосредственно через внутриатомные связи оказывает давление на электронную оболочку. Этот процесс сопровождается выделением внутриатомной энергии в виде плазмы, которая является основным источником тепла Земли. Если мы радиоактивные отходы спустим в шахту с глубиной десятки километров, то обнаружим, что они потеряют свою радиоактивность, или наоборот, на уровне лунной орбиты усилят процесс своего распада.

Тяжелые элементы, ранее находившиеся в глубине под высоким гравитационным давлением и выброшенные на поверхность Земли в процессе расширения планеты, распадались на другие, менее сложные элементы - изотопы. При этом процесс их распада сопровождался высвобождением внутриатомной энергии в виде радиоактивного излучения. Вулканические извержения выносили из глубины мантии тяжелые элементы, которые по мере поднятия к поверхности проявляли радиоактивность и в процессе стремительного многоступенчатого распада образовывали менее легкие элементы. Этот процесс сопровождался выделением огромной энергии в виде тепла и механического расширения. Период распада тяжелых элементов миллиарды лет назад отсутствовал, естественный радиоактивный фон атмосферы был нормальным.

3. Влияние гравитации на протекание времени и на свойство пространства

Согласно общей теории относительности А.Эйнштейна, в условиях высокого уровня плотности гравитации, многие привычные нам, измерения, приобретают другой характер и существенно изменяется пространство-время в геометрической прогрессии. Те процессы, которые в нынешних условиях гравитации протекают в течение многих тысяч лет, могли осуществляться в течение нескольких часов, дней и месяцев по нынешнему времяисчислению. Образование планеты, воды и суши на ней, возникновение гор, растительности и живого мира могло произойти в течение сравнительно короткого промежутка времени по нынешней временной шкале с точки зрения условного «независимого наблюдателя» со стороны. В течение одной недели перед глазами такого «наблюдателя» могли смениться целые эпохи в истории формирования планеты.

Еще раз отмечу, что указанные процессы на нашей планете происходили сравнительно быстро. Современный метод определения возраста пород и минералов осуществляется привлечением данных изотопного анализа углерода или серы на основе полураспада радиоактивных элементов, содержащихся в их составе. Однако, такой анализ осуществляется в условиях их распада при нынешнем уровне плотности гравитации, который коренным образом отличается от медленного темпа их полураспада в условиях повышенного уровня гравитации, что в конечном итоге сильно искажает истинный возраст исследуемых веществ. В результате, возраст исследуемого образца не совпадает действительным меркам. В зависимости от уровня гравитации те или иные процессы на земле опережали «свое время», и главным регулятором этих процессов оставалась гравитация.

Одной из исторических реликвий, досконально изученных научными методами, является знаменитая плащаница Иисуса Христа. Когда все научные эксперименты доказали принадлежность плащаницы Иисусу Христу, изотопный анализ показал происхождение материала плащаницы в средневековье. Однако, изотопный анализ был сделан без учета изменения уровня плотности гравитации Земли, что дал такую огромную погрешность, что свидетельствует о неидеальности углеродного анализа без учета изменения уровня гравитации за указанный период. В то же время, учитывая полученную погрешность во времени в указанном анализе, можно точно вычислить уровень плотности гравитации в момент воскрешения Иисуса Христа и ввести поправку в метод определения времени путем радиоуглеродного распада.

В ходе следующего мысленного эксперимента этот процесс становится понятным. Допустим, что изотоп углерода в нашей лаборатории в течении сутки распускает тысячи частиц, а в миллиарды лет назад, когда уровень плотности гравитации примерно была сто раз выше чем сейчас, указанный изотоп углерода мог выделить тысячи частиц в течении ста суток. Время как бы растянулась, однако дело обстоит совсем наоборот. За этот отрезок времени, человек, проживший на нынешней Земле 24 часа, прожил бы 2400 часов в условиях стократного уровня плотности гравитации и состояние биологического и физиологического развития живых клеток его организма сильно различалось бы.

Уровень плотности гравитации усиливалась ближе к центру планеты. Под высоким уровнем плотности гравитации составляющие планету вещества имели другие параметры физической плотности, скорость химической реакции и прочие процессы, отличающиеся от нынешних. Это способствовало многочисленным быстрым химическим реакциям в атмосфере планеты, в результате которых образовалась жидкость, в основном состоящая из воды с растворами минералов, кислот и щелочей. На горячей поверхности планеты, под обусловленным высоким уровнем плотности гравитации, жидкость имела тягучие, вязкие свойства. Она вступала в моментальные химические реакции с отдельными элементами и образовывала сложные минералы и химические соединения. [4]

Если с изменением уровня гравитации изменяются свойства времени и пространства, тогда, сложившиеся при этом условия жизни на планете требуют соответствия уровня развития органов восприятия представителей живого мира. Несмотря на совпадения общего уровня развития живого мира в нынешних условиях, сохранились некоторые несовпадения уровней развития их органов восприятия. В результате отдельные представители млекопитающих видят и слышат широкий спектр электромагнитных и акустических волн.

Представители цивилизаций, сложившихся в пригодных к жизни условиях разных планет нашей вселенной, могут иметь системы и органы восприятия, принципиально отличающиеся друг от друга, однако приспособленные к местным условиям гравитации. Такое разнообразие уровня жизни исключает совпадения их восприятия при встрече, скажем, в условиях Земли. Так, что, при встрече представителя другой планеты и человека, последний, не только его не поймет, может его и не заметит.

4. Расширение планеты – источник природных катаклизмов

После истечения нескольких миллионов лет по привычному для нас масштабу времени, уровень гравитации и внутреннее планетное напряжение существенно уменьшились. Это сопровождалось увеличением объема планеты и уменьшением скорости вращения, что вызвало, в свою очередь, многочисленные катаклизмы на земной поверхности. Расширение объема планеты сопровождалось сейсмическими, звуковыми и световыми явлениями, характер которых в корне отличались от нынешних. Земля излучала низкочастотные вибрации. Участки поверхности планеты поднималась неравномерно, в результате началось горообразование, появились вулканы, образовались небольшие моря. Образовавшиеся горы были острыми, росли постоянно, периодически появлялись новые горы, отдельные участки Земли оставались ниже. В результате расширения объема планеты на ее поверхности произошли тектонические разломы твердой оболочки с глубиной несколько десятков километров, которые, расширяясь, образовали дно морей и океанов. Газы, в том числе водород, углерод и кислород под воздействием ослабевающей гравитации высвобождался в основном из пород в результате активных химических реакции распада сложных элементов и образовывали атмосферу и воду, заполняя водный бассейн планеты в трещинах и низовьях [14,18].

Вместе с горами из недр на поверхность поднялись тяжелые элементы, однако, самые тяжелые, которые еще не известны науке, остались недоступными на глубине нескольких десятков и сотни километров. К сожалению, мы их никогда не увидим, так как на поверхности Земли они мгновенно распадут на простые элементы. Твердые породы, в зависимости от глубины их прежнего залегания, при выходе на поверхность и уменьшении уровня гравитации меняли свою плотность и свойства, в результате крошились на мелкие куски, вплоть до обычного песка и пыли.

Ядро планеты, объем которого был больше чем нынешнее ядро, состояло из тяжелых элементов и не могло состоять из расплавленного железа, как принято ныне считать. В последнем случае, газы, захваченные объемом Земли, обязательно должны были бы прореагировать с расплавленным металлическим железом в период его концентрации в центре. Тогда из недр Земли не могла бы выделяться на ее периферию ни вода, ни углекислота, поскольку кислород, водород и углерод должны были бы вместе с железом уйти в ядро Земли. В этом случае никакой атмосферы и гидросферы не могло бы сформироваться вообще [14]

Американский ученый Марвин Херидрон утверждает, что ядро нашей планеты является природным ядерным реактором, состоящим из трансурановых элементов. В этом реакторе постоянно происходит ядерный синтез, который никогда не переходит в цепную реакцию и является основным источником внутрипланетного тепла. Доказательством тому является то, что Юпитер излучает тепла в два раза больше, чем получает от Солнца, что свидетельствует о наличии сильного внутрипланетного источника тепла. Да и утверждать о наличии твердого железного ядра в плотном окружении расплавленной жидкой мантии не реально.

В центре земли происходили большие изменения. На поверхности внутреннего ядра, состоящего из тяжелых элементов, постоянно шел термоядерный синтез, который выделял огромную тепловую энергию. Продукты распада термоядерного синтеза сливались с жидкой мантией и центральное ядро планеты постепенно уменьшался в объеме.

В верхних слоях мантии Земли под гравитационным давлением и при высокой температуре из продуктов распада твердой породы - углерода и водорода сначала образуются углеводородные радикалы CH, CH_2 и CH_3. Они движутся в веществе мантии от области высокого к области низкого давления. А так как в зоне разломов перепад давлений особенно ощутим, углероды и направляются в первую очередь именно сюда. Поднимаясь в слои земной коры, углеводороды в менее нагретых зонах реагируют друг с другом и с водородом, образуя нефть. Затем образовавшаяся жидкость может перемещаться как вертикально, так и горизонтально по имеющимся в породе трещинам, скапливаясь в ловушках. Особенность таких распадов в том, что в глубине мантии они сопровождаются высокими температурой и давлением, а в твердой коре литосферы – меньшими температурой и давлением. В результате, происходят сначала распад сложных элементов на простые химические элементы, а потом - образование до простых химических и минеральных соединений.

С остыванием поверхности планеты, инфракрасное излучение которого постепенно уходило в космос, увеличивался расход внутренней энергии, что способствовало уменьшению мощности центральных источников тепла. Это вызвало уменьшение уровня гравитации и активизации бурных процессов в недрах планеты.

В атмосфере также произошли изменения, в первую очередь ее разряжение, сопровождавшееся с ее охлаждением. Главным источником пополнения атмосферы стало выделение газов из распадающихся твердых пород и из глубин окенов. Высота воздушного слоя достигла десятки километров. Произошло расслоение воздуха, ионизированных газов, появился озоновый слой. В составе воздуха начало преобладать азот и кислород. Вода на поверхности земли теперь интенсивно испарялась, воздух стал насыщенным влагой, появились облака.

5. Образование живых организмов

Образование живых организмов является происхождением жизни. Определений понятия жизни очень много, ни одно из них не является исчерпывающим. Тут, вероятно, дело в том, что жизнь осуществляется как бы одновременно в разных масштабах пространства и времени. Вначале идут какие-то процессы на субмолекулярном уровне, далее происходят химические реакции. Дальше начинается физиология, физика, биофизика, после чего начинается процесс образования организмов, экосистем. Все это приводит на процесс исторический, то, что называется эволюцией. И это масштаб времени не доли, какие-то тысячные секунды — это миллионы и миллиарды лет. И все это жизнь.

По мере остывания планеты, гравитационная постоянная стала уменьшаться, и ее поверхность стала пригодной для образования первичных органических соединений. В эволюции планеты и живого мира играла главную роль гравитация. Повышенная гравитация способствовала активным био-, физио- и химическим процессам с плотным промежутком времени, в связи с чем указанные процессы происходили мгновенно. В результате многочисленных биохимических процессов, в жидкой среде появились органические соединения: аминокислоты и белки, что послужило основанием образования первых живых микроорганизмов, приспособленных к условиям повышенной гравитации. Вода в образовавшихся бассейнах имела высокую температуру, порядка нескольких сотен градусов по Цельсий. Однако в условиях высокого уровня гравитации вода при этом не кипела и не испарялась, а ее инфракрасное излучение распространялось очень медленно.

На Земле нет осадочных отложений, в которых отсутствовали бы признаки жизни. По крайней мере, три миллиарда 800 миллионов лет назад, когда сформировались осадочные породы, сохранившиеся до нашего времени, жизнь уже была. В более древние периоды земная кора была тонкой, точка плавления пород была высоко и поэтому кора все еще перерабатывалась. Земля все еще кипела и поэтому кора вздымалась и снова погружалась, переправлялась многократно. [44]

Первые простые живые микроорганизмы появились на верхнем слое воды, где воздействие высокого уровня плотности гравитации ощущалось слабо. Эти микроорганизмы были, вероятно, меньше приспособлены к изменению условий окружающей среды, однако были достаточно устойчивы к высокой температуре, радиации и гравитации. Высокий уровень плотности гравитации приводил к тому, что живые клетки быстро размножались и старели. Биохимические процессы и размножение живых организмов происходили стремительно. Простые органические соединения и микроорганизмы занимали целые бассейны, в результате жидкость в них имела кашеобразный вид. В таких условиях могут существовать только бактерии. Они и сегодня демонстрируют удивительную устойчивость и к радиации, к высоким температурам, кислотам, щелочам, ядам, например, к мышьяку или кадмию. Вот эта устойчивость к самым разным параметрам среды говорит, возможно, о том, что они родились там – в докембрии.[44]

Интересное доказательства для естествоиспытателей принесла «золотая» шахта Мпоненг (Mponeng), расположенная близ Йоханнесбурга. Ещё в 2002 году Туллис Онстотт (Tullis Onstott) из университета Принстона (Princeton University) и несколько его коллег из других учреждений обнаружили на глубине 2800 метров, в воде, сочащейся из разлома, живые бактерии.

В 2006 году международной группе учёных удалось разобраться, что эти бактерии живут за счёт радиоактивных руд. Они получают энергию для жизни в ходе восстановительной реакции с участием сульфата (SO_4^{2-}) и водорода. Последний берётся из воды, раскалываемой радиоактивным излучением руд..

Дилан Чивиан (Dylan Chivian) из Национальной лаборатории Лоуренса в Беркли (LBNL) совместно с почти двумя десятками исследователей из США, Тайваня и Канады провели расшифровку ДНК, полученных из проб с того самого глубинного разлома в южноафриканской шахте. В результате выяснилось, что более 99,9% экземпляров микроорганизмов, представленных в этих пробах, принадлежат одному-единственному виду. Незначительные следы иных ДНК, как утверждает Чивиан, являются результатом загрязнения проб в самой шахте или лаборатории.

Таким образом, почти на трёхкилометровой глубине в толще скал живёт сообщество, состоящее только из одного вида бактерии, названной Candidatus Desulforudis audaxviator.

Это открытие было настоящим потрясением. Ведь до сих пор исследователи полагали, что экзотический вид микроорганизма хотя и составляет костяк подземного сообщества, однако поддерживается несколькими другими бактериями. Дело в том, что ранее учёным представлялось невероятным существование замкнутой и самодостаточной экосистемы из единственного вида. Обычно любая экосистема насчитывает множество организмов (хотя бы только бактерий), которые удачно дополняют друг друга по биохимии, процессам питания и выброса отходов. Так, чтобы вместе с неживыми компонентами — источниками веществ и энергии — получалась красивая и сбалансированная система.

А D. audaxviator один вобрал в себя всё необходимое, чтобы спокойно существовать и размножаться в «мёртвом» окружении без всякого контакта с остальной земной биосферой.

«Один из вопросов, которые возникают при рассмотрении способности других планет поддерживать жизнь, — могут ли организмы существовать совершенно самостоятельно, не имея доступа даже к солнцу? — говорит Чивиан. — Ответ — да! И вот доказательство. Даже с точки зрения философии интересно узнать, что всё необходимое для жизни может быть упаковано в единый геном». Этот геном, насчитывает 2157 кодирующих белки генов. И здесь перед биологами открылась картина потрясающего приспособления D. audaxviator к своей среде (а это — почти полное отсутствие кислорода, температура более 60°C и pH 9,3). Этот микроорганизм может прекрасно усваивать углерод из небиологических источников, таких как окись углерода, двуокись углерода или формат (CO_2H). Хотя при этом он способен переваривать и органические останки (например, от мёртвых клеток), поскольку в D. audaxviator есть гены, отвечающие за транспорт сахара и аминокислот. [54]

В водной среде продолжалось ускоренное размножение микроорганизмов, изменялись их виды, обусловленные изменением уровня гравитации, и появились новые, более сложные образования. В результате влияния гравитации на простые клетки произошла их мутация, образовались многоклеточные организмы растительного происхождения. В воде появились первые представители живых организмов.

Растительный мир из пересохших бассейнов воды стал приспосабливаться к суше. Растения, вероятно, были однообразны на вид, имели массивные и крепкие стебли и узкие листья, способные выдерживать высокий уровень плотности гравитации и радиации и в основном стелились по поверхности земли. С уменьшением уровня плотности гравитации они начали подниматься вверх, но еще долго сохранили без изменения формы листьев. Растения росли быстро, период их полного созревания составлял от нескольких минут до нескольких дней, так как повышенный уровень гравитации способствовал быстрому размножению клеток.

В питании и росте растений гравитация играет одну из главных причин. Циркуляция жизненно важных соков в растениях происходит импульсивно. Их приводит в движение разница давления, образующиеся перепадом гравитационного давления, когда Луна и Солнце меняют свое положение в отношении поверхности Земли в течении сутки.

Эти растения сильно отличались от нынешних, как на клеточном уровне, так и по внешнему виду и строению. Размножение происходило вегетативным способом. Нижняя часть высыхала, а верхняя часть, питаясь насыщенной влагой воздуха, росла дальше. За короткий срок растения покрывали большие площади, а толщина их останков составляла несколько десятков метров. Со временем они и стали залежами каменного угля. По мере уменьшения уровня плотности гравитации растительность приобретала форму кустарников, а далее деревьев [45].

Живые микроорганизмы появились и начали размножатся в воде, виды которых менялись очень быстро. Повышенный уровень гравитации требовал и способствовал образованию скелетов и развитию мышц, что привело к возникновению позвоночных животных. Появились большие рыбы и земноводные, отдельные из которых с понижением уровня плотности гравитации начали выходить из воды, а некоторые, наоборот спускались в глубину океанов, где высокое внутреннее давление в некоторой степени компенсировало высокое давление гравитации. Земноводные начали приспосабливаться к существованию на суше, где влияние гравитации ощущалось больше чем в воде.

Появились большие и массивные животные, динозавры. С помощью мощных мышц и раздельной сердечно-сосудистой системы они могли выжить в условиях повышенной гравитации. И вымиранию динозавров способствовало, вероятнее всего, заметное снижение уровня плотности гравитации и неприспособленность их кровеносной системы с высоким кровяным давлением и лишняя мышечная масса, мешавшая активно двигаться. Указанные виды животных, на уровне эмбрионов приспосабливаясь новым условиям гравитации, изменили свою форму и вид, в результате стали более мелкими животными.

Как утверждает ученый Мэри Швайцер из университета Северной Каролины, ей удалось обнаружить фрагменты мягкой ткани в кости королевского тираннозавра, жившего около 68 миллионов лет назад. По результатам исследований специалисты пришли к выводу, что эти древние хищники были предками современных кур. Научный анализ показал, что извлеченный коллаген структурно практически идентичен куриному протеину. Однако, для клонирования организма нужна ДНК, которая несет особую информацию. ДНК – это не белок, это не очень стабильная молекула, и ее никогда не обнаруживали в останках живых организмов, возраст которых превышал 30 тысяч лет.

Долгое время считалось, что все многоклеточные животные возникли сразу и одновременно, и произошло это событие около 540 миллионов лет назад. Чарльз Дарвин не мог объяснить это явление. Согласно его теории естественного отбора «Происхождение видов», виды животных формируются постепенно в ходе пошагового приспособления к условиям среды. Для Чарльза Дарвина было загадкой, почему в отложениях древнее кембрийских нет остатков животных, в то время как кембрийские отложения изобилуют раковинами, скелетами, панцирями, иглами и так далее. Получалось, что животные внезапно возникли именно на этом рубеже. Поэтому внезапное появление разнообразных многоклеточных называли «кошмаром Дарвина». [44]

Американские ученые Д. Рауп и Дж. Сепкоски обнаружили, что появление и вымирание отдельных видов животных и растений на Земле происходит с определенной периодичностью [42]. Например, в конце Триаса находится самый большой по длительности период (5 млн. лет), во время которого образовались первые млекопитающие. Первые рептилий появились в таком же периоде в Карбоне. Появление амфибий соответствует такому же периоду в Девоне. Покрытосеменные растения появились в Юрском периоде и появление первых птиц непосредственно предшествует этому же периоду в Юре. Рождение хвойных растений соответствует такому же периоду в Карбоне, плаунов и хвощей - в Девоне. Появление насекомых соответствует такому же периоду в Девоне. Каждому такому периоду соответствует разливание из мантии расплавленного базальта на поверхности Земли, что является доказательством скачкообразного уменьшения уровня плотности гравитации. Таким образом, связь появления новых видов с периодами неустойчивых гравитационных условий Земли очевидна. Именно с такой периодичностью происходит уменьшение уровня плотности гравитации на нашей планете.

В естественном развитии и отборе живых организмов, изменении их видов на основе развития ДНК, главную роль, возможно, играет влияние динамично уменьшающегося уровня плотности гравитации. Дальнейшее уменьшение уровня плотности гравитации, возможно, приведет к следующему видоизменению флоры и фауны, которое в первую очередь отразится на их анатомическом строении, системе жизнеобеспечения, приспособленных к новым условиям уровня плотности гравитации Земли. Возможно, первыми в очереди к видоизменению стоят киты, слоны и бегемоты. Новое условие гравитации отразится и на человеке, он станет обладателем совершенно новых качеств, менее мускулистым, а его организм продлит свою жизнеспособность на десятки лет.

6. Влияние гравитации на клеточном уровне

Малейшее колебание уровня плотности гравитации сильно отражался на самом низком клеточном уровне эмбриона живой материи, способствуя дополнительным образованьям в ДНК клетки и изменению их расшифровки в фазе первоначального развития. В этой стадии гравитационные влияния разных источников, в том числе планет солнечной системы, оставляют свой отпечаток на дальнейшем развитии живого организма и способствуют к некоторым его видоизменениям.

Структура живой материи, породы, а также пространства-времени изменяется пусть и незначительно, буквально с каждым скачком уровня плотности гравитации и в ней существуют все атрибуты необходимые для преобразования мира. Пропорции материи и заложенные в ней поля, и энергетика, определяют на какую величину измениться ход времени в такой среде. Вот почему такое взаимодействие и определяет продолжительность жизни каждого живого объекта на планете. Если мы выйдем из зоны притяжения Земли, как говорится в теории относительности, то это неминуемо приведёт к тому, что жизнь каждой клетки в нашем теле значительно продлиться. Не невесомость этому способствует, а уменьшенный уровень плотности гравитации, отличающийся от ее уровня в условиях Земли. Каждый вид живой материи приспособлен к уровню плотности гравитации Земли и к тем циклам, какие стремительно поглощают ресурсы каждого, и сокращают продолжительность жизни в такой среде. Возможно, поэтому горцы славятся долгожителями.

Обращение небесной сферы вследствие суточного вращения планеты, годичное движение по орбите вокруг Солнца, интенсивность потока гравитации и другие астрофизические параметры порождают циклическое воздействие планет и звездных систем на земные объекты. Ясно, что живые организмы, включая человека, вынуждены адаптироваться к существованию в изменяющихся условиях гравитационной среды. Влияние гравитации самого близкого нашего спутника - Луны заметно ощущается на Земле в зависимости даже течения сутки, тогда как другие планеты такого заметного влияния не оказывают.

Притяжение Луны вызывает перепад давления между противоположными стенками каждой клеточки нашего организма, состоящего более чем на 60% из воды. Нервные импульсы этих мельчайших диссонансов сливаются, порождая эмоции, а часто и поступки человека. Недаром при некоторых положениях Луны приобретает определенный смысл простонародное определение человека, поступающего вразрез с общепринятыми нормами поведения: «ему моча в голову ударила». Поэтому уже в глубокой древности астрологи называли Луну царицей чувств.

Учеными произведены расчеты периодического влияния гравитационных полей планет в случае простых реакций синтеза и распада. Удалось установить гравитационные потенциалы Луны $g = 0,0027$ м/сек^2 и Солнца $g = 0,005898$ м/сек^2, которые оказывают существенное влияние на поверхности Земли в течение суток. Для этих источников число нуклонов в молекуле должно быть не мене 500. К таким органическим молекулам, играющим существенную роль в процессах жизнедеятельности, относятся нуклеиновые кислоты и аминокислоты. Юпитер существенно влияет на молекулы с числом нуклонов около 4000. Венера и Сатурн действуют на крупные молекулы с числом нуклонов около 5000. К таким белкам относятся основные ферменты, участвующие в синтезе ДНК. Марс активен в области более крупных образований с числом нуклонов не менее 60 000. К таким молекулам относится, например, гемоглобин. Уран, Нептун и Меркурий действуют на очень большие молекулы с числом нуклонов не менее 150000. Это, к примеру, наследственная ДНК. Наконец, Плутон, а также ряд крупных астероидов и звезды могут оказать влияние на устойчивость гигантских образований типа хромосом [46].

Разновидность таких гравитационных влияний, их сочетание, связанные с изменением угла влияния между планетами, заметно отражаются в образовании живых клеток и организмов. В процессе развития эмбриона такое гравитационное влияние играет важную роль в расшифровке ДНК, предопределяя дальнейшее развитие клеток и плода в целом.

«Мусорная» часть ДНК, то есть 97% некодирующей ее части, образована в процессе эволюции в условиях постепенно уменьшающегося уровня плотности гравитации. По этому в нынешнем уровне плотности гравитации «мусорная» часть ДНК не может быть востребованной. Если нам удастся искусственно создать в земных условиях среду с повышенным уровнем гравитации, мы не узнаем плод, развитый от человеческого эмбриона в указанной среде. Возможно, это будет динозавром или представителем давно вымершего какого-то доисторического животного.

Энергия гравитационного взаимодействия двух планет является отрицательной величиной. Но отрицательная энергия снижает уровень энтропии в термодинамических процессах и понижает пороговые значения энергий в неравновесных термодинамических процессах, таких как химические и биохимические реакции синтеза. Учитывая, что стратегия выживания на нашей планете основана на простом воспроизведении клеток, что, в свою очередь, зависит от скорости синтеза белков, можно предположить, что влияние удаленных планет может проявляться уже на клеточном уровне [47].

В 50-60-ые годы XX века, когда сложилась так называемая синтетическая теория эволюции, произошло своего рода объединение классического дарвинизма XIX века с достижениями генетики и молекулярной биологии. В синтетической теории эволюции принималось, что основными факторами эволюции являются мутационный процесс, то есть возникновение случайных изменений в ДНК и естественный отбор. При этом считалось, что наследственные изменения имеют случайный характер. Но в дальнейшем накопилось довольно много фактов, которые говорят о том что, по-видимому, далеко не всегда изменения генома имеют случайный характер. И поэтому давний спор о том, как же идет эволюция — на основе случайностей или на основе закономерностей, продолжается и по сей день.

Сегодня ученые пришли к выводу, что главный путь усложнения организмов – это не случайные мутации, а добавление и комбинирование целых блоков генов. Блочный принцип устройства геномов предопределяет эволюционное развитие на несколько шагов вперед. Геном хранит свою программу развития. Ученые убедились, что мутации, то есть тот материал, с которым работает естественный отбор, не могут происходить в любом месте хромосомы. Геномы современных организмов действительно состоят из крупных блоков, которые часто имеют самое разнообразное происхождение. Действительно, эволюция идет по пути создания геномов из блоков. Причем, если использовать предложенную аналогию с домом, можно заметить, что дом всегда моложе, чем блоки, из которых он построен. В свое время природа отобрала те или иные блоки. Очень часто гены, объединяемые одной функцией, находятся вместе. Такое объединение генов называется геномным островом. Если этот остров отвечает, допустим, за болезнетворные свойства, он называется островом патогенности. И эти геномные блоки, видимо, собирались, когда сегменты ДНК встраивались в определенные предпочтительные сайты (места) другой ДНК. Это процесс универсальный, всеобщий. В блоках гены теряются, в блоках они приобретаются и в блоках они заменяются. Это – потенциальная возможность приспособиться к новой экологической нише. Можно назвать этот процесс предадаптацией – предвидением возможных перемен. Конечно, ни о какой полной предопределенности речь не идет. Нет и полной случайности, как считалось раньше. [44]

Член-корреспондент Российской Академии медицинских наук, сотрудник института микробиологии и эпидемиологии имени Гамалеи Георгий Смирнов считает, что мутация (изменчивость) и естественный отбор, безусловно, всегда считались и до сих пор признаются важнейшим фактором эволюции, но есть еще наследственность. То есть эволюция – это наследственность, изменчивость и естественный отбор. Чтобы происходили мутации, нужно, чтобы было где им происходить. И представлена эта наследственность полимерной молекулой ДНК, в которой записаны свойства любого организма и записаны вполне определенным образом с помощью единого генетического кода. Вся совокупность генов, которые определяют свойства организмов, называется геномом, и эволюция любого вида, любого организма начинается с изменения его собственного генома. До сих пор считается, что тот или иной ген может закрепиться и распространиться в популяциях в тех случаях, когда этот ген кодирует какой-то полезный для того или иного организма признак. И собственно естественный отбор призван отбирать те признаки, которые в данных условиях являются полезными. [44]

Но прежде чем в естественном отборе победит тот или иной вид, необходимо чтобы победил ген, чтобы он закрепился в ДНК особи этого вида и распространился. Все начинается с гена. Дело в том, что гены и наследуются, и отбрасываются не сами по себе. Они отбрасываются и наследуются в составе неких сегментов ДНК. Когда ген отбрасывается, выпадает из хромосомы, это происходит в два этапа. Сначала ген активируется за счет мутации, а потом сегмент ДНК, содержащий поврежденный ген, вырезается. То есть удаляется сегмент, содержащий поврежденный ген, который не поддерживается естественным отбором. [44]

Во влиянии гравитации на живые организмы на поверхности Земли определенную роль играет положение живого организма в пространстве. Животные, ходячие на четырех ногах, принимают горизонтальное положение, подставляя свою нервную и кровеносную систему перпендикулярно к воздействию гравитации. Птицы в свободном полете, также принимают такое горизонтальное положение. Только человек и ограниченные виды животных ходят прямо, подставляя себя параллельно к воздействию гравитации. Почти все представители растительного мира подставляют свои органы управления параллельно гравитации. Видимо, в этом положении живых организмов есть определенная закономерность, подчиненная влиянию гравитации и определяющая уровень развития.

7. Роль извилин мозга в улавливании гравитационных волн

Изображение магнитных доменов напоминает великое творение природы - извилины мозга человека. В чем сходства между ними? Возможно, в том, что в обоих материалах извилины играют одну и ту же роль – преобразование магнитных волн. Формы извилин, возможно, способствуют образованию магнитных завихрений вокруг себя, которые, в свою очередь способствуют изменению плотности проходящих через себя потоков «гравитонов». В результате, в доменах и в некоторых участках коры головного мозга образуются зоны слабого сжатия и расширения, что способствует возникновению и раздражению магнитного импульса и общего магнитного поля.

Если в этих материалах происходит регистрация и преобразование магнитных волн, значит, это основа процесса регистрации гравитационных волн. В первом случае, когда магнитные домены на магнитной пленке изменяют и регистрируют магнитные волны, преломляя проходящие потоки «гравитонов» и обеспечивая эффект притяжения или отталкивания, то кора человеческого мозга, возможно, регистрирует непосредственно проходящих через себя потоки «гравитонов», тем самым считывают несущие ими информацию из большой извилины нашей планеты - ионосферы. [55]

Ионосфера – окружающая Землю за атмосферой пространство, состоящее из свободных электронов и ионов, является той средой, которая под влиянием магнитного поля нашей планеты способна менять структуру и сохранять в своей структуре эти изменения. Указанная структура, возможно, имеет свойство сохранять в своей памяти не только намагниченность нашей планеты и солнечные магнитные бури, но и мельчайшие магнитные колебания любых информационных событий. Ведь магнитное поле — единственное известное в физике поле, способное передавать информацию и обладающее памятью. Когда происходит изменение магнитного поля, свободные электроны и ионы в ионосфере выстраиваются, согласно его влияния и сохраняют всю информацию о происходящих событиях, играя роль магнитного носителя. Объем ионосферы значительно больше объема Земли и имеет достаточную возможность информационной емкости. Такой объемистый банк данных способен сохранять память о магнитных эманациях (истечениях), сопровождающих любое событие, в жизни планеты и в биографии отдельного существа.

Любые магнитные изменения порождают динамику электрических токов в ионосфере - в природной протонно-электронной околоземной плазме, пронизывая ее разные структуры и слои, считывая и видоизменяя имеющие там информационные события. Такие процессы возбуждают замкнутый контур: запись, считывания, анализ и вывод соответствующей информации. Потоки гравитонов, пронизывая указанные слои ионосферы, считывают информацию, и несет вниз с собой. Извлечение этой богатейшей и разнообразнейшей информации — благодарная задача для будущих исследователей. Со временем, возможно, человек найдет пути проникновения в информационный банк ионосферы, научиться расшифровывать имеющиеся в его памяти данные и влиять на них, изменяя их во благо планеты и человечества.

Извилины человеческого мозга, отличающиеся от плотности извилин животных, возможно, является органом приема-передатчика гравитационных волн. В таком случае, мозг человека не предназначен хранить всю информацию, собранную из всех органов чувств, а является лишь передатчиком их в общий накопитель информации – в ионосферу. Сформулировал мысль в голове, отправил запрос в ионосферу, получил ответ. В случае принудительного изменения человеком потока биотоков в головном мозге создаются нужные магнитные завихрения в определенных сочетаниях извилин мозга, что также способствует изменению плотности потоков гравитонов. Тогда человек может сформировать изменения в потоке гравитонов, проходящих через головной мозг, в нужном ему объеме и ввести в этот поток необходимую информацию. Все просто, как в Интернете.

Заключение

Вокруг нас присутствует множество хорошо знакомых, но не объясненных, а потому - загадочных явлений, таких, например, как удар и инерция, центробежная сила и вращение планет, гироскопический эффект, притяжение магнита, гравитация и т.д. Такие явления настолько привычны для нас, что нам кажется, что коль мы не можем их толком объяснить, то в этом и нет особой необходимости.

Поэтому, если традиционные подходы не позволяют понять и объяснить какое-нибудь явление, то необходимо искать другие подходы, даже прямо противоположные общепринятым, или их исключающие.

С периода возникновения закона всемирного тяготения прошло много времени и многое изменилось в науке. У нашей планеты появились искусственные спутники, которые в корне опровергли зависимость притяжения от массы тел. Новые технологии в области космонавтики и астрофизики позволили получить факты и сведения о гравитации, недоступные великим ученым в прошлом.

Для преодоления устоявшихся мнений и взглядов на природу гравитации, существующих научных определений и законов в этой области, нужно было освободиться от требований сложившихся норм и правил в науке, искать совершенно другой подход и нетрадиционно осмысливать сущность гравитации.

В течение десяти лет мною проведена огромная исследовательская работа в области гравитации, что позволила открыть завесу великой тайны природы. Начав с интереса к проблеме возникновения циклона и погодных условий, изучив теории дрейфа континентов, возникновения землетрясений, вулканов и цунами, я пришел к выводу, что всеми этими природными явлениями управляет гравитация. Дальнейшее целенаправленное и углубленное изучение научной литературы и материалов из Интернета, их тщательное исследование и анализ показали, что современная наука абсолютно не рассматривает участие гравитации в этих процессах.

«Влияние гравитации на природные явления» дает определение многочисленным свойствам гравитации, хорошо согласовывается с существующими природными явлениями, доступно объясняет процесс их возникновения и протекания. В рамках данной теории становятся понятным и объяснимым следующие природные явления:

1. Возникновение магнитного поля планеты и его влияние гравитации;
2. Расширение планеты, приводящее к дрейфу континентов;
3. Геофизические процессы, появление радиоактивности, изменение свойств пород;
4. Основа возникновения и механизм деятельности землетрясений, вулканов, цунами и приливов;
5. Образование погодных условий – циклонов, антициклонов, возникновение торнадо, тайфун;
6. Эволюция животных и растений, изменение их видов;

Основные выводы и определения по указанным темам являются уникальными и не имеют аналогов в современной физике.

Перечисленные направления в настоящей работе требуют дальнейшей детальной разработки, исследования и уточнения в плане влияния гравитации, что в последующем даст ключ к управлению и подчинению энергии гравитации. Существующие представления о природе гравитации, вероятно, изменятся, может быть даже в самом недалеком будущем. Наши знания о гравитации Земли находятся на более низком уровне и наличие такого относительно хорошо изученного «образца», как гравитация Земли, очень важно для понимания природы других планет. Открыв тайну гравитации Земли, мы совершим качественный рывок в науке и технике, тем самым откроем свободный путь к исследованию Вселенной.

Литература

1. Альфред Вегенер, «Происхождение континентов и океанов», http://posix.ru/offtopic/plate_tectonics/
2. «Большая энциклопедия эрудита. Дрейф континентов. Расширение океанического дна», Мартин Клаус, Леон Грей, Джулиан Холланд, Рейчел Хатчингс, Майк Макгир, изд. «Махаон». 2001г.
3. А.Е. Криволуцкий, «Жизнь земной поверхности», Москва, изд. «Мысль»-1971г.
4. Ботт М. «Внутреннее строение Земли», Москва, Мир-1974г.
5. Hilgenberg O.C. Vom Wachsenden Erdball, Berlin 1933.

6. Egyed L. Geophis. Pura Appl. 45:115 (1960).
7. А.Шейдеггер, «Основы Геодинамики», Москва «Недра», 1987г, стр. 218-222.
8. Бек А.Е. Журнал геофизика, Res.66:1485 (1961).
9. Кук М.А., Эрдли А.Ж., Журнал геофизика, Res. 66:3907 (1961).
10. Jordan P. Schwerkraft und Weltall. Braunschweig 1952 – Natur-wissen-schaften 48: 417.
11. «Спутник NASA сфотографировал гравитацию Земли», http://www.membrana.ru.
12. Козловский Е. А. Кольская сверхглубокая // Наука и жизнь. — 1985. № 11.
13. Ритман А. «Вулканы и их деятельность», Москва, изд. «Мысль»-1964.
14. В.А.Рудник, Э.В.Соботович, «Ранняя история Земли», Москва, «Недра»-1984.
15. Воинов В.В. и др. «Возмущения атмосферы и ионосферы Земли в период сильных землетрясений в Армении (07.12.88) и Иране (21.06.90)», Ионосферные эффекты землетрясений: Тезисы докл. 3 Всес.
16. Брюс Болт, «Землетрясения», Москва, изд «Мир»-1981.
17. Рихтер Ч.Ф. «Элементарная сейсмология», - М: Издательство иностранной литературы. – 1963.
18. Пьер Руссо, «Землетрясения», Москва, изд «Прогресс» 1966.
19. Осипов Н.К. и др.. «Магнитно-ионосферные возмущения и землетрясения на Камчатке», Препринт / АН СССР.-ИЗМИРАН. - 1992. - №62.
20. Кусонский О.А. «Предварительное изучение сейсмической активности района разрабатываемых месторождений нефти ЗАО «ЛУКОЙЛ-ПЕРМЬ», Уральское отделение РАН, институт Геофизики, 1997г.
21. Гуляев А.Н. и др «Динамика напряженного состояния среды в районе Уральской сверхглубокой скважины СГ-4», Глубинное строение и развитие Урала: Материалы науч.-произв. конфер., посвященной 50- летию Баженовской геофиз. Экспедиции. - Екатеринбург: Наука. – 1996
22. Большая Советская Энциклопедия, В.И.Влодавец; стр.501-505.
23. Википедия, Вулкан, http://ru.wikipedia.org/wiki
24. «Земные катастрофы - цунами», http//katastrofa.ru

25. Безруков П.Л., «Геология океана», издательство «Наука», М-1979г.

26. Жуков М.М., Славин В.И., Дунаева Н.Н., «Основы геологии», издательство «Недра», М-1970.

27. «Зимняя аномалия поглощения радиоволн и магнитное поле Земли», Кокоуров В.Д., Вергасова Г.В., Казимировский Э.С. Институт Солнечно-Земной Физики СО РАН 664033, г. Иркутск, Россия, а/я 4026.

28. Л. Беттен. «Погода в нашей жизни», издательство «Мир», Москва-1985.

29. Свиридов А.И. «К проблеме образования погодных условий». Доклады Академии наук, том 259, 1984.

30. Брасье Г., Соломон С. «Аэрономия средней атмосферы» Гидрометеоиздат, 1991.

31. Каменкович В.М., Кошляков М.Н., Монин А.С. «Синоптические вихри в океане» Л. Гидрометеоиздат-82.

32. Матвеев Л.Т.«Теория общей циркуляции атмосферы и климата Земли».Л.: Гидрометеоиздат-91, 295 с.

33. Солдатенко С. А, «Синоптичесик вихри в атмосфере и океане», Военная инженерно-космическая академия им. А.Ф. Можайского, Санкт-Петербург.

34. Jordan P. Schwerkraft und Weltall. Braunschweig 1952 – Naturwissen-schaften 48: 417

35. Шакина Н.П. «Динамика атмосферных фронтов и циклонов». Л.: Гидрометеоиздат, 1985. 263.

36. Дымников В.П., Филатов А.Н. «Устойчивость крупномасштабных атмосферных процессов», Л.: Гидрометеоиздат, 1990. 236 с.

37. «Магнитное поле геологического прошлого Земли» Опубликовано в N5, 1996, стр.56-63.

38. Локк Дж. «Элементы натуральной философии», 1698 год, Сочинение в трех томах, Т-2, М. Мысль, 1985, 560с.

39. «Земные катастрофы - тропические циклоны», http//katastrofa.ru

40. Г. Николаев, «Таинственные взрывы из ниоткуда», журнал «Аномальные новости» № 25 - 2006 года.

41. Е.К. Страут «Строение и развитие вселенной», Москва, 1978г.

42. Почтарев В.И. «Магнетизм Земли и космического пространства», М. Наука. 1966.

43. Александр Костинский, Александр Марков. «Кошмар Дарвина» оказался иллюзией, Геном содержит программу собственного развития, Жизнь была на Земле всегда, Естественный отбор начинается на уровне генов, http://www.membrana.ru.

44. В.И.Вернадский, «Химическое строение биосферы Земли и ее окружение», Москва, Наука, 1965.

45. Г.Г. Сергеев, А.П. Трунев, Динамический гороскоп: методы расчетов, построения и анализа, Ростов-на-Дону, Ростиздат, 2001, 236 с

46. А.П. Трунев «Жизнь и гравитация», www narod. Ru.

47. «Магнитное поле геологического прошлого Земли» Опубликовано в N5, 1996, стр.56-63.

48. «Магнитное поле Земли, полярные сияния и радиационные пояса», http://www.membrana.ru.

49. Гальперин А.А., Панова Е.Н., Чичасов Г.Н. «Метеорологические факторы в диагнозе крупных землетрясений», Труды Казахского регионального наун.-иссл. Гидрометеорологическ/ института. - 1992. - № III.

50.

51. Гальперин А.А. Чичасов Г.Н.. «О метеорологических и геофизических условиях крупных землетрясений», Труды Казахского регионального Гидрометеорологического института. - 1992. - № III.

52. Митра А. «Воздействие солнечных вспышек на ионосферу Земли», Пер. с англ. М.: Мир. 1977. 370 с.

53. Вергасова Г.В., Казимировский Э.С., Б.А. де ла Морена, «Роль динамических процессов и геомагнитной активности в вариациях поглощения радиоволн в ионосфере», Исслед. по геом., аэрон. и физике. http://www.membrana.ru.

54. MEMBRANA «Невероятные затворники процветают в золотой тьме», http://www.membrana.ru.

55. Адаев У.Ж. «Гравитонная основа притягивания и отталкивания магнитов», Журнал ДНА, №10, стр. 132.

56. Цепная ядерная реакция, Википедия, http://fizika.asvu.ru/page.php?id=125.

57. Цепная ядерная реакция, условия ее осуществления. Термоядерные реакции. http://www.examens.ru/otvet/7/11/897.html.

58. Вадим Чернобров, «Время и планета земля: Тайны «заколдованных» мест», http://www.membrana.ru.

59. Высокие морские приливы провоцируют землетрясения, http://www.membrana.ru/lenta/?3881

60. Дожди могут вызывать землетрясения, http://www.membrana.ru/lenta/?6593

Колесник Р.Э.

Модель теплопереноса в условиях гидродинамического осуществления реакций ядерного синтеза

Аннотация

На основе модели гидродинамики с релаксацией рассмотрен эффект преобразования энергии внешних механических воздействий во внутренние и образование регулярных фрактальных структур с дальнейшим их распадом и образованием тепловых источников в вихревом течении асимметричной изотропной жидкости. Упрощенная модель учитывает только основные физические факторы влияющие на процессы и применима для расчетов практических экспериментальных ситуаций. В тоже время позволяет производить уточнения по мере необходимости. Полученные результаты могут быть использованы в конкретных технических решениях.

Содержание

Введение

В последнее время появилось много сообщений о низкоэнергетических слияниях ядер химических элементов при комнатой температуре.Анализ экспериментальных данных показывает , что явление пока не нашло даже качественного общепринятого объяснения с позиций современенного понимания микромира. В качестве рабочей можно только взять гипотезу: за механизм низкоэнергетических процессов ответственен принцип универсальный резонансной синхронизации [1]. Уже сейчас сконструированы десятки миниатюрных ядерных установок для синтеза ядер при комнатной температуре [2] . Интерес к исследованиям только возрастает. Следует отметить вклад работы профессора В. В. Фисенко [3] в существенный прогресс в данной области техники. Хотя, там и предложен систематический научный инженерный метод расчета струйных устройств, но не рассмотрены детально и даже не названы основные атомно-молекулярные элементарные процессы, которые приводят в результату, и не учтено влияние этих процессов на макропараметры течения и соответствующие технические решения. В настоящей работе мы рассмотрим модельную реакцию холодного ядерного синтеза и явления дополнительного тепловыделения в неравновесных потоках жидкости расширяющейся в сверхзвуковой двухфазной струе в рамках традиционной физической кинетики тепловых переходов на примере опыта Кордомасова.

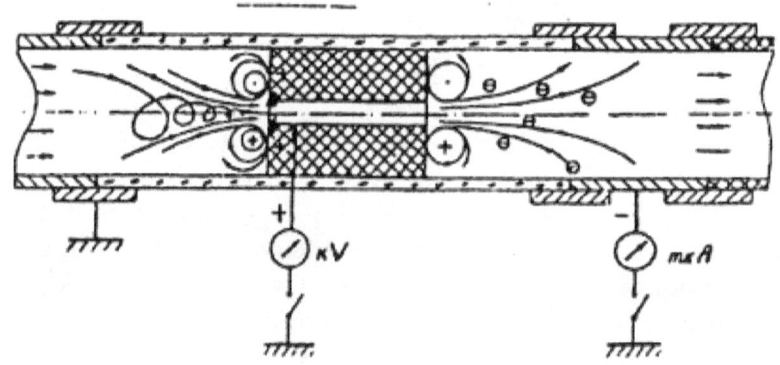

Рис. 1

Схема установки Кордомасова

Принцип работы реакторов и синтеза ядер установки Колдамасова А.И. таков [4]. Если через отверстие диаметром ~ 2мм, выполненное в диэлектрической пластине толщиной примерно 20 мм, прокачать диэлектрическую жидкость под давлением 50-70 атмосфер, то на входе в отверстие возникнет плазменное образование. Это мы увидим кавитационную эмиссию. Поток истекающей жидкости уносит электроны, а на входной кромке отверстия возникает положительный высокий электрический потенциал (до 500 киловольт) – см. рис. 1.

Если в жидкость перед входным отверстием ввести очень чистую тяжелую воду (молекулы этой воды содержат дейтерий D_2O), то атом дейтерия, подойдя к положительному заряду, равномерно расположенному по кромке входного отверстия, отдаст электрон со своей орбиты и станет положительным ионом, который мгновенно взаимодействует с положительным зарядом на кромке отверстия. Произойдет отталкивание двух положительно заряженных тел и ядро дейтерия полетит в центр отверстия. То же происходит со всех сторон отверстия (по периметру). Концентрация ядер дейтерия в центре отверстия станет большой (рис. 2).

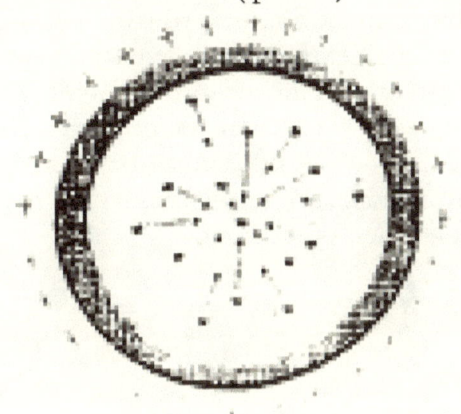

Рис. 2. Протоны в потоке течения у входа в канал

Число актов взаимодействия регулируется концентрацией тяжелой воды в истекающей диэлектрической жидкости, от этого зависит и температура жидкости. Колдамасовым А.И. предусмотрено поддерживать ее на уровне 100 ^0C.

Физические свойства жидкости могут обратимо изменяться в результате ее структурирования на основе механической обработки, особенно , при вращениях ассимметричной жидкости создается механизм обмена между внешними и внутренними степенями свободы молекул, когда возбуждаются низкочастотные моды колебаний. При этом значения относительной статической диэлектрической проницаемости, теплоемкости, вязкости, теплопроводности, диффузии других показателей переноса структурированной среды могут существенно отличаться от справочных равновесных значений (например , для обычной воды).

Причиной этих отличий служат протекание химических реакций и **физических процессов на молекулярном уровне, связанных с выделением тепла**, идущих с отклонением от равновесного больцмановского распределения молекул воды по внутренним степеням свободы [5]. Молекулы воды можно рассматривать как несимметричные волчки. Последнее объяснение представляется наиболее реалистичным и макроскопически наблюдается как кавитационное явление. Развитая кавитация во вращающейся жидкости (в каждом кубическом миллилитре жидкости содержится до 105 кавитационных каверн со средним диаметром около 10 мкм) создаёт обширные поверхности раздела фаз. Диэлектрическая проницаемость ε воды в тонкой пленке или в капле значительно меньше диэлектрической проницаемости воды в свободном объеме. При уменьшении толщины d плоского слоя воды от 40 до 10 мкм , ее относительная диэлектрическая проницаемость монотонно убывает от номинального равновесного значения $\varepsilon = 81$ до значения $\varepsilon = 10\pm3$, т.е. уменьшается почти на порядок. Высокая величина статической диэлектрической проницаемости неструктурированной воды связана с высокими значениями дипольных моментов кластеров $(H_2O)n$ и кластерных ионов.

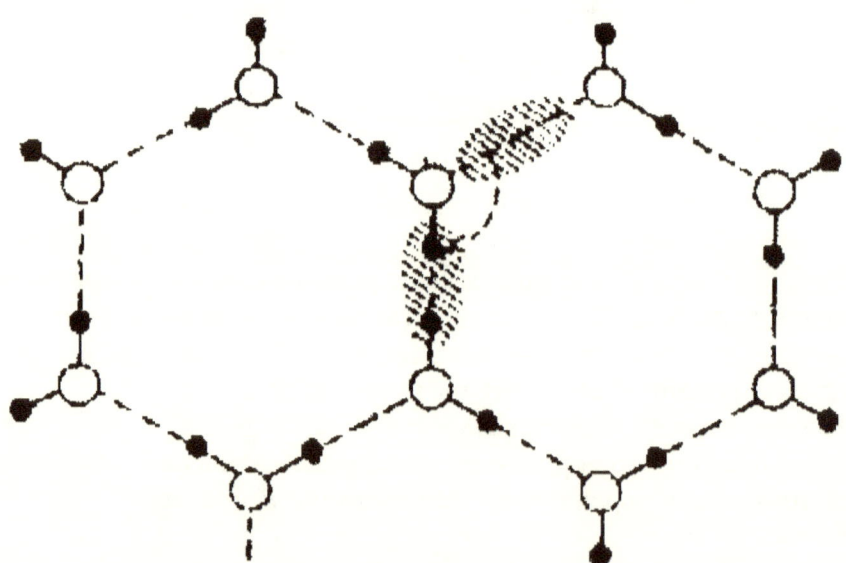

Рис. 3. Кластеры воды на границе фаз в потоке.

Уменьшение диэлектрической проницаемости воды в тонком слоев влечёт понижение ориентационной восприимчивости и **частичное "замораживание" в приповерхностных областях**

результирующих дипольных моментов кластеров. Толщина поверхностного слоя воды, в котором частично сохраняется дальний порядок молекул, составляет $\approx 0,5\,d_0$ (20 мкм), а толщина частично упорядоченного поверхностного слоя капли воды $\approx 0,5D_0$ (30 мкм). Эффективные толщины поверхностных слоев для плоской поверхности и капли составляют около 11 мкм и 16 мкм ,соответственно. При убывании d и D, значение диэлектрической проницаемости воды в пределе стремится к величине ε_{min}, близкой к диэлектрической проницаемости ε_Λ льда в его наиболее распространенной кристаллической модификации I $\varepsilon_{min} \approx \varepsilon_\Lambda$ В динамических условиях потока возникают переменные электрические поля. При d < do , D < Do **удельная теплоемкость Св, может приближаться к параметрам твердой фазы**. Т.к. удельная теплоемкость воды в 2 раза превышает удельную теплоемкость льда [5].

Процессы в кластерах очень сложны и позволяют только формулировать простые физические модели. Например, ионизацию можно сформулировать в рамках многоквантового механизма (многофононного) переноса заряда, а холодный ядерный синтез как распад возбужденного молекулярного состояния с переносом заряда.

В настоящей работе применяются методы многоквантовой теории переходов для описания энергоемких процессов на межфазных границах в потоках. Предлагается модель для рассмотрения гетерогеной каталитической реакции дающей значимый термический эффект.

Границы раздела это стенки канала течения , границы пузырей, которые схлопываются.Обычно там справедливо условие прилипания даже для угловой скорости. Остановимся на вопросе о возможности осуществления спонтанных актов холодного ядерного синтеза на водородной связи молекулярного комплекса воды неподвижного на границе раздела фаз, в условиях трансзвукового гидродинамического двухфазного потока, например, по схеме типа

$$O - {}^1H + {}^1H + 2e \rightarrow O^+ + {}^2D + \nu + 1.953 MEV$$.

Далеее рассмотрим вероятность многоквантового перехода из состояния 1 в состояние 2 в соответствие с рис.2 под действием электрического поля , возникающего на границах раздела фаз. Применим формализм разработанный в теории многоквантовых переходов , описывающий распад молекулярного комплекса.

Предполагаем, что q координата реакции в начальном состоянии 1 и имеет частоту колебаний ω. Рассмотрим слияние ядер как безизлучательный переход на основе адиабатической аппроксимации , которая позволяет отделить быстрые движения электронов от медленного движения ядер. Адиабатические потенциалы показаны на рис.2 по координате реакции. Состояние 1 относится к возбужденному кластеру на поверности раздела фаз . Состояние 2 относится к отталкивательному потенциалу кластера, уже содержащего продукт синтеза. Цель данной работы получить скорость реакций холодного синтеза ядерных частиц на неподвижной границе и оказавшихся на одной водородной связи в рамках многоквантового механизма. Особенностью случая является то , что необходимо взять в рассмотрение роль переменного электромагнитного поля , сгенерированного границей раздела фаз , влияющего на элементарные процессы , особенно потому что кластеры воды имеют большой дипольный момент 100-1000 Дебай.

1. Перенос заряда в кластерах воды на границе по многофотонному механизму. Модель смещенных парабол с учетом колебаний и термального эффекта.

Для расчета вероятности перехода важна разность дипольных моментов основного состояния 1 и конечного электронного состояния 2 . Рассмотрим вероятность ионизации кластера переменным полем согласно работе [6]

$$\Delta \vec{d} = \vec{d}_{11} - \vec{d}_{22} \ . \qquad (1)$$

Здесь $\vec{d}_{11}, \vec{d}_{22}$ - дипольные моменты основного и возбужденного состояний. Разность возникает из-за перестройки кластера при квантовом переходе $1 \rightarrow 2$. Реакция связана с участием переноса заряда из начального 1 в конечное 2. Такой перенос принято рассматривать как неадиабатичекий переход, связанный с участием колебательных движений по координате реакции , смешивающих адиабатический потенциал 1 с адиабатичеким потенциалом 2. В случае двухуровневой модели кластера взаимодействующего с полем система может быть описана квантовым гамильтонианом вида

$$H = H_e + H_{vib} + H_{\text{int}} .$$

где

$$H_e = \frac{1}{2}(\varepsilon_2 - \varepsilon_1)\sigma_z + \frac{1}{2}\vec{E}_0(\vec{d}_{22} - \vec{d}_{11}) \times$$

$$\times \sigma_z \cos(\Omega t) + E_0 d_{21}\sigma_x \cos(\Omega t) \qquad (2)$$

Ω - частота и амплитуда внешнего линейно-поляризованного

поля. σ_z, σ_x -матрицы Паули,

$\varepsilon_1, \varepsilon_2$ - энергии невозмущенных состояний.

В случае многофотонного перехода без учета колебаний задача аналогична переходу на вырожденный уровень атома водорода и соответствует расчету вероятности ионизации кластера электромагнитным полем [7]. Согласно многофотонному подходу скорость перехода записывается в виде

$$W_{12} = 2\int_0^\infty d\tau \exp(\frac{i}{\hbar}(\varepsilon_2 - \varepsilon_1)\tau)I_{21}(t,\tau) \qquad , \qquad (3)$$

где производящая функция $I_{21}(t,\tau)$ может быть записана так:

$$I_{21}(t,\tau) = (\frac{\vec{E}_0 \vec{d}_{21}}{\hbar})^2 \times$$

$$\times \exp\{i(\rho_{22} - \rho_{11})[\sin(\Omega t) - \sin(\Omega(t - \tau))]\} \times$$

$$\times \cos(\Omega t)\cos(\Omega(t - \tau)) \qquad (4)$$

$$\rho_{22} = \frac{\vec{E}_0 \vec{d}_{22}}{\hbar\Omega} , \qquad \rho_{11} = \frac{\vec{E}_0 \vec{d}_{11}}{\hbar\Omega} .$$

Она записана в самом низком порядке теории возмущений по

взаимодействию $(\vec{E}_0 \vec{d}_{21})\sigma_z \cos(\Omega t)$; при этом в случае линейной поляризации поля взаимодействие дипольных моментов точно учтено.

Учтем внутренюю структуру кластера, что соответствует учету колебательных степеней и будет соответствовать переносу заряда с учетом возбуждения фононов кластера. Вклад колебательных степеней свободы в вероятность перехода и приводит к модели смещенных парабол. Взаимодействие выберем в виде

$$H_{int} = Vq$$

Здесь V - матричный элемент коэффициент функции или оператора спин-орбитального взаимодействия. Вопрос выбора взаимодействия должен решаться каждый раз с учетом правил отбора.

$$W_{21} = 2\int_0^\infty d\tau I_{21}(t,\tau)S(\tau).$$ (5)

Здесь производящая функция $I_{21}(t,\tau)$ определена формулой (4)

$$S(\tau) = <\exp(iH_2\tau)\exp(-iH_1\tau)>_{av},$$

где H_i -- гамильтониан колебательной подсистемы в состояниях 1 и 2 , скобки означают усреднение с матрицей плотности

$$\rho_T = A^{-1}\exp(-\beta H_1),\, A = Sp(\exp(-\beta H_1)),\, \beta = \frac{1}{kT},$$

T - термодинамическая температура среды. Величина $S(\tau)$ может быть вычислена аналитически для модели смещенных парабол

$$S(\tau) = \exp\{\frac{i}{\hbar}(\varepsilon_1 - \varepsilon_2)\tau + z\cos(\omega\tau + \varphi)\},$$ (6)

$$z = a\sqrt{\overline{n}(\overline{n}+1)},\, \overline{n} = \frac{1}{\exp(\frac{\hbar\omega}{kT})-1},\, \varphi = \frac{i}{1+2\overline{n}}.$$

Величина a есть константа тепловыделения, определяемая как квадрат смещения адиабатических потенциалов друг относительно друга

$$a = (\frac{V_{11} - V_{22}}{\hbar\Omega})^2 = \frac{m\Omega Q_*^2}{\hbar} .$$ (7)

Здесь V_{11}, V_{22} -матричные элементы электрон-колебательного взаимодействия в состояниях 1 и 2. Микроскопическая теория констант тепловыделения позволяет рассмотреть форму потенциального барьера реакции. При этом ширина и высота барьера зависят явным образом от низкочастотных степеней свободы. Можно показать, что при использовании формулы скорость перехода с учетом колебаний сводится к виду

$$W_{21}^{(a)} = 2\pi \frac{(\vec{E}_0 \vec{d}_{21})^2}{\hbar} \times$$

$$\times \sum_{n,p=-\infty}^{\infty} R_p(z) n^2 \frac{J_n^2(\rho)}{\rho^2} \delta(\varepsilon_2 - \varepsilon_1 - \hbar\Omega + p\hbar\omega) ,$$

$$R(z) = \exp(-a(n+))(1 + \frac{1}{n})^p ,$$

$$\rho = \rho_{22} - \rho_{11}$$ (8)

Здесь $J_n(\rho)$ и $I_p(z)$ - соответственно функции Бесселя действительного и мнимого аргумента.

Если состояние 2 принадлежит непрерывному спектру, тогда

получим $\varepsilon_2 = \varepsilon_2 + \frac{\hbar^2 \vec{k}^2}{2m}$, где m - масса электрона.

Для скорости перехода, в асимтотическом случае высоких температур, когда выполняются условия $\frac{\hbar\Omega}{kT} \ll 1$ и

$n \sim \frac{kT}{\hbar\Omega} \gg 1$, из приведенных выше формул получаем выражение для вероятности перехода, которое принимает вид арениусовского закона зависимости скорости перехода от температуры

$$W_{21} \sim \exp\{\frac{-(p-\omega/\Omega-a/2)^2}{2a}\frac{\hbar\Omega}{kT}\} . \qquad (9)$$

Здесь $\qquad p = \dfrac{\varepsilon_1 - \varepsilon_2}{\hbar\Omega} .$ Энергия активации

$$E_* = \frac{-(p-\omega/\Omega-a/2)^2}{2a}\hbar\Omega .$$

Для низких температур $\dfrac{\hbar\Omega}{kT} \gg 1$, W_{21} слабо зависит от температуры. Для реальных условий энергетических уровней кластеров, частный случай в условиях резонанса

$$\varepsilon_2' - \varepsilon_1 - n_0\hbar\Omega + \hbar\omega = 0$$

с участием фотонов электромагнитного поля и колебательных квантов не всегда реализуется. Расстройка резонанса может компенсироваться за счет добавочных взаимодействий, например, влиянием пульсаций полярной среды течения, столкновениями, акустическими воздействиями. Энергия активации процесса может быть получена экспериментально или на основе квантово-химических расчетов.

2. Гидродинамика стационарных трехмерных течений со спиральной симметрией и слабый хаос.

В трехмерной гидродинамике может реализовываться квазикристаллическая симметрия, если за счет источника и вязких членов создать область устойчивых течений [8].

Представим поле скоростей в цилиндрических координатах

$$V_r = -\frac{1}{r}\frac{\partial\psi}{\partial\varphi} + \frac{\varepsilon}{r}\sin z , \ V_r = \frac{\partial\psi}{\partial r} - \frac{\varepsilon}{r}\cos z , \ V_z = \psi \qquad (10)$$

где $\varepsilon \ \square \ 1$ - параметр создает устойчивое течение. Здесь $\psi = \psi(r,\varphi)$ функция тока удовлетворяет уравнению Гельмгольца

$$\nabla^2\psi + \psi = 0 ,$$

записанному в полярных координатах,

$$\frac{1}{r}\frac{\partial}{\partial r}r\frac{\partial \psi}{\partial r} + \frac{\partial^2 \psi}{\partial \varphi^2} + \psi = 0 .$$

Условие несжимаемости выполняется непосредственной подстановкой $divV = 0$, условие Бельтрами также выполняется $rotV = -V$. Общее решение запишется в виде

$$\psi(r,\varphi) = \sum_n C_n J_n(r)\cos(n\varphi) ,$$

где C_n - постоянные коэффициенты, $J_n(r)$ - функция Бесселя действительного аргумента.

Рассмотрим частный случай для течения с винтовой симметрией $n = N$, $z = const$, на угол $\dfrac{2\pi}{N}$,

$$V_r = \frac{N}{r}J_N(r)\sin(N\varphi) + \frac{\varepsilon}{r}\sin z ,$$

$$V_\varphi = J_N(r)\cos(N\varphi) - \frac{\varepsilon}{r}\cos z , \qquad (11)$$

$$V_z = J_N(r)\cos(N\varphi) .$$

Система уравнений для линий тока может быть записана в виде

$$\frac{dr}{dt} = \frac{1}{\psi}(-\frac{1}{r}\frac{\partial \psi}{\partial \varphi} + \frac{\varepsilon}{r}\sin z) ,$$

$$r\frac{d\varphi}{dz} = \frac{1}{\psi}(\frac{\partial \psi}{\partial r} + \frac{\varepsilon}{r}\cos z) , \qquad (12)$$

где

$$\psi(r,\varphi) = J_N(r)\cos(N\varphi),$$

гамильтониан

$$H(r,\varphi,z) = \psi(r,\varphi) - \varepsilon(\varphi\sin z + \ln r\cos z) . \qquad (13)$$

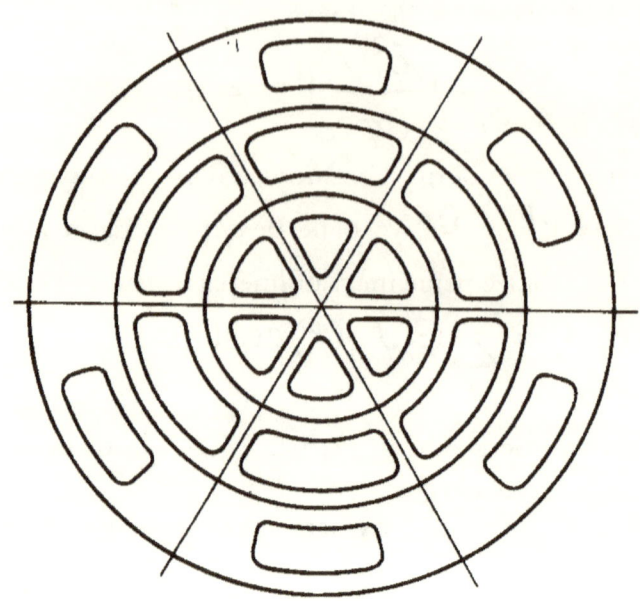

Рис. 1. Линии уровней функции тока поля течения 6 – порядка симметрии

Рассмотрим случай симметрии 6 порядка, $N = 6$ как Шаубергер [8].

Сепаратрисы невозмущенной системы с гамильтонианом образуют правильную паутину - рис.1. В двух симметрично расположенных относительно центра ячейках жидкость вращается в противополжных направлениях.

Частным случаем в течения является цилиндрическое течение при $N = 0$. $\psi(r, \varphi) = J_0(r)$ и задача интегрируется .

$$\frac{dr}{dz} = \frac{\varepsilon \sin z}{r J_0(r)}$$

Сразу получается

$$\varepsilon \cos z + r J_1(r) = const ,$$

откуда следует, что цилиндрическое течение сохраняет вращательный момент $V_\varphi r = -const$ и описывает движение жидкости с особенностью на оси $r = 0$, похожее на вихревое движение в смерчах.

При сходящемся течении происходит передача диффузией внешнего момента вращения к оси струи на внутренние степени. При расходящемся потоке происходит наоборот ,диффузия к периферии потока от внутренних степеней на поступательные, т е идет релаксация внутренней энергии с переходом в тепло. Поскольку выполняется условие Бельтрами, то для таких течений возможен хаос линий тока, связанный с генерацией магнитного поля или эффекту гидромагнитного динамо при движении проводящей жидкости.

3. Кинетичекая модель самовоздействия в условиях гидродинамического осуществления реакций ядерного синтеза.

Для обьяснения этого опыта использована лишь идея о релаксации части внутренней энергии, выделяюшейся в ходе хим реакций, во внутренние степени свободы молекул. Наиболее естественный механизм данного процесса - это запасение энергии в низкочастотных степенях свободы молекул, поскольку скорость диссипации запасенной энергии сводится к минимуму. И эта энергия может быть использована еще раз для прохождения под барьером, и также для получения тепла вследствии релаксации. Теперь о самовоздействии.

Перенос электрона обычно происходит с участием высокочастотных колебаний на поглащающих связях кластеров, которые формируют потенциальные барьеры реакций. Причем в ходе каждого электронного прехода происходит перестройка и установление новых положений равновесия высокочастотных степеней свободы и такой процес осуществляется в два этапа. Сначала при фиксированной конфигурации низких частот перестраиваются высокие частоты, а затем замедленно перестраиваются низкие с переходом к равновесному состоянию при колебательной релаксации в данном электронном. Однако, если время жизни системы в данном электронном состоянии , определяемое кинетическими процессами, мень ше периода медленной подсистемы, то стационарное состояние устанавливается за несколько электронных переходов. Таким образом динамика низкочастотной подсистемы определяется усредненным состоянием электроной подсистемы. Деформация макромолекулы , возникающая в ходе идущих переходов может оказывать обратное влияние на скорость электронных процессов искажая барьеры координаты реакции.

Для примера который типичен в реализации синтеза, рассмотрим модель мол комплекса с одним высокочастотным колебанием и несколькими низкочастотными колебаниями, которая сводится к модели связанных осцилляторов с существенно различными частотами в поле внешней гармонической силы и применим эту модель для анализа ситуации опыта Кордомасова.

Рассмотрим кинетику реакций синтеза ядер в распадах молекулярных комплексов. Состояние 2 относится к электронному уровню в комплексе, который распадаясь дает синтез ядер уже в состоянии 1. Кинетические уравнения для заселенностей электронных уровней для молекулярной двухтермовой электронно-колебательной системы записываются следующим образом

$$\frac{dn_2}{dt} = \frac{\partial n_2}{\partial t} + V_z \frac{dn_2}{dz} = pk_p(1 - n_1 - n_2) - k_{-p}n_2 - W_{21}n_2 ,$$

$$\frac{dn_1}{dt} = \frac{\partial n_1}{\partial t} + V_z \frac{dn_1}{dz} = -k_T n_1 + W_{21}n_2 , \qquad (14)$$

и описывают балланс электронов в системе. Здесь использованы обозначения

n_1 - заселенность нижнего электронного уровня ,

n_2 - заселенность верхнего электронного уровня ,

k_p - скорость образования молекулярных комплексов + электрон,

k_{-p} - скорость распада молекулярных комплексов

p - концентрация комплексов

k_T - скорость производства продукта

W_{21} — скорость безизлучательного перехода с излучением жестких колебательных квантов, на частоте высокочастотной моды.

Скоростью безизлучательного перехода из возбужденного в основное состояние пренебрегаем. Рассмотрим квазистационарный режим заселенностей электронных уровней. Ось z направлена по оси струи, V_z —поступательная изэнтропическая скорость по оси

z , $n_1 = \dfrac{W_{21}(n_2)}{k_T} n_2$,

$$n_2\{(k_{-p} + pk_p) + W_{21}(n_2)(1 + \frac{pk_p}{k_T})\} = pk_p , \qquad (15)$$

скорость производства продукта

$$K_T = k_T n_1 = W_{21} n_2 ,$$

рекомбинационный туннельный ток определяется по уравнению

$$J_T = W_{21} n_2 e ,$$

где e - заряд электрона.

Рассмотрим по отдельности различные ситуации, сначала, в случае когда скорость образования кластеров высокая, а скорость безизлучательного прехода низкая. Скорость процесса $W_{21}(n_2)$ немонотонна в зависимости от заселенности и достигает минимума и максимума при переходах .А концентрации кластеров и скорость распада монотонно возрастают по температуре. Для скорости $W_{21}(n_2)$ есть немонотонная обратимая температурная зависимость. Максимумы по температуре наблюдаются в зксперементах [9] . Стационарная заселенность определяется по уравнению

$$n_2 = \frac{pk_p}{k_{-p} + pk_p} . \qquad (15)$$

Для случая, когда скорости $W_{21}(n_2)$ сравнимы со скоростями остальных кинетических процессов, можно показать , что из-за немонотонности функции $W_{21}(n_2)$ уравнение может иметь три стационарных решения $n_2^1 \le n_2^2 \le n_2^3$. Аназиз показывает, что только два из них устойчивы n_2^1, n_2^3. При определенных значениях параметров система может находится в одном из двух устойчивых состояний с существенно различными константами скоростей процессов. Переход из одного в другое осуществляется скачком при непрерывном изменении параметров концентраций кластеров и температуры. Обратный переход также происходит скачком, но при других пороговых значениях параметров, т. е. зависимость скорости от температуры и концентрации носит бистабильный синергетический характер.

В экспериментах также отмечается всплесковый характер реакций синтеза [10]. Поэтому задачей эксперимента достичь устойчивого состояния с заселенностью n_2^3.

В случае, когда скорость образования продукта мала, так что скорость реакции определяется только скоростью неадиабатического перехода W_{21}, то скорость может существенно измениться, если учесть влияние низкочастотных частот колебаний.

Уравнения движения для координат реакции Q и $q_к$ имеют вид

$$\ddot{Q} + \Omega^2 Q = -\frac{1}{M}(A_2 + \sum_k B_{2к}q_к)n_2$$

$$\ddot{q_к} + \omega_к^2 q_к = -\frac{1}{m_к}B_{2к}Qn_2 \qquad (16)$$

Таким образом, низкочастотные координаты удовлетворяютт системе уравнений для связанных осцилляторов , частоты и положения которых зависят от населенности электронного состояния. 2. Здесь введены обозначения A_2 - константа взаимодействия электрона с колебанием на связанной орбитали связи Q, $B_к$ -константа связи низкочастотного колебания $q_к$ с координатой Q. M - масса координаты реакции Q.

Константа тепловыделения расчитывается в модели двух связанных осцилляторов с различными частотами

$$a = \frac{A_2^2}{M\hbar\Omega^3}[1 - \frac{n_2}{M\Omega^2}\sum_к \frac{B_{2к}^2}{m_к\omega_к}]^{-2}, \qquad (17)$$

которая также зависит от электронной заселенности уровня 2. Это есть количество внутренней энергии выделяющееся при перестойке молекулярных связей и при некоторых условиях превращающееся в теплоту.

4. Тепловые процессы в ячейке Кордомасова

Рассморим полярную молекулярную жидкость, приведенную во вращение в трубе круглого сечения под воздействием нагнетающего насоса, создающего электрическое поле с энергией W_0, на основе рерультатов работы [11]. Вращательные степени свободы создают механизм, посредством которого внешние поля оказывают влияние на кинетические коэффициенты переноса существенным образом меняя их. Несферичность молекул оказывает влияние и на процессы колебательной релаксации. Во вращающейся жидкости в общем случае имеет место обмен моментом импульса между внутренними и внешними степенями свободы, характеризуемый вращательной вязкостью. Если распределение угловой скоростью жидкости неоднородно, то этот процесс сопровождается диффузией внутреннего момента импульса. Примером может служить увлечение жидкости вращающимися электрическим или магнитным полем. При этом высока роль вращательной диффузии. Влияние внутренних вращений в жидкости может оказаться очень важным при изучении турбулентного режима течения.

Молекулярная, полярная, асимметричная среда характеризуется длиной $\bar{r}$ -есть характерный линейный масштаб течения, за которуsу ослабевают корреляции. В среде есть запаздывание и нелокальность. Важны времена затухания корреляций и самой медленной релаксации и времени накачки до насыщения. τ_0 - время ослабления корреляций, составляет порядка $10^{-7} c$ для воды. На временах $t > \tau_0$ изменение температуры жидкости описывается уравнением теплопроводности с релаксационными источниками

$$\frac{\partial T}{\partial t} + V_z \nabla T - \kappa \Delta T = \frac{Q(t)}{\rho C} .$$

(18)

Здесь V_z - аксиальная скорость конвективного движения, $\kappa = \dfrac{\lambda}{\rho c}$ и λ - соответственно коэффициенты температуропроводности и теплопроводности, ρ - плотность при $T = T_0$, C - теплоемкость при давлении 1 атм.

Характерные времена конвекции τ_k и теплопроводности τ_T - величины следующего порядка:

$$\tau_k \; \square \; \frac{r_0}{V}, \qquad \tau_T \; \square \; \frac{\rho c r_0^2}{\lambda}.$$

Здесь r_0 - характерный размер области , в которой рассматривается перенос тепла (например радиус канала течения), а V - величина тепловой скорости. Используя далее эти отношения , получим

$$\tau_k = \mathrm{Re}^{-1}\left(\frac{r}{\overline{r}}\right)^2 \tau_o, \; \tau_T = \left(\frac{r}{\overline{r}}\right)^2 \tau_o.$$

Из этих выражений видно, что для случаев, представляющих практический интерес $P > 1 атм$, $\mathrm{Re} > 1$, $r_0 = 0.3 см$, что они малы по отношению τ_0. Поэтому далее, будем рассматривать нагрев в приближении, когда конвекцией можно пренебречь, так как колебательная релаксация идет быстрее. Тогда уравнение (18) примет следующий вид

$$c\rho \frac{\partial T}{\partial t} = \lambda \Delta T + Q(t). \tag{19}$$

Для рассмотрения внутри молекулярных процессов применимо приближение двухуровневой системы и преобладание безизлучательного канала протекания для элементарных процессов . Безизлучательный перенос энергии электронного возбуждения можно определить как процесс , при котором первично возбужденная молекула (с помощью кванта света , химического возбуждения, электронного удара) вступает в слабое взаимодействие с другой молекулой, которая принимает энергию. После поглощения кванта света эта молекула переходит в возбужденное состояние , где происходит колебательная релаксация до установления теплового равновесия со средой или внутренняя конверсия . После передачи возбуждения принимающей молекулой, происходит релаксация , излучение , или диссипация энергии. Основные и возбужденные состояния молекул рассматриваются как изолированные электронные термы молекул , между которыми происходят взаимодействия. Для плотности тепловых источников получаем

$$Q(t) = aN_1(t)\tau_{eVT}^{-1} \quad , \tag{20}$$

a - константа тепловыделения уровня возбуждаемого перехода, полученная одной молекулой от внешнего вращения на длине корреляций., где $N_1(t)$ - заселенность верхнего уровня возбуждаемого перехода. Здесь τ_{eVT} - время электронно-колебательной релаксации после перехода. Мы здесь будем рассматривать механизм передачи энергии по каналу колебательной релаксации в поступательные степени свободы молекул. Будем лишь считать , что и распределение энергии поля переданной по сечению канала имеет средне статистический вид гауссовой кривой с максимумом на оси канала течения

$$E(r) = \frac{W_0}{\pi\omega^2}[\exp(\frac{r^2}{\omega^2}) - \exp(\frac{r_0^{\,2}}{\omega^2})], \tag{21}$$

где

W_0 - средняя энергия   электрического поля   созданного в потоке,

ω - величина эффективного радиуса сечения потока охваченного полем,

r_0 - радиус канала течения.

Такое представление обеспечивает равенство нулю интенсивности на стенках канала , что упрощает расчет и не вносит существенную погрешность . После окончания обработки по достижению некоторого уровня возбужденные молекулы с верхнего уровня релаксируют в равновесное состояние с характерным временем τ_{eVT} . Полагаем , что преобладают внутримолекулярные процессы и насыщение не достигается. После прохождения характерной длины в жидкости считаем что воздействие внешнего вращения уже закончено на данный обьем. Эта длина проходится быстрее чем время релаксации τ_{eVT} . В принципе максимальная заселенность равняется n_2^3 и находится из решения кинетического уравнения (15) и зависит от вероятности безизлучательного перехода W_{21} .

Однако , можно сделать оценку сверху, считая , что $N_1(t)$ - максимальная заселенность не зависит от длительности обработки и полностью определяется ее энергией. Будем считать, что вся эта поглощенная энергия переходит в тепло

$$N_1(t) = N_{max}(E)\exp(-\frac{t}{\tau_{eV}}) \ ,$$

$$N_{max}(E) = N\sigma E / \hbar f \ .$$

Здесь N - число молекул в единице объема протекающей жидкости , σ - сечение поглощения воздействий электрического поля вдоль объема. E - напряженность поля в среде , f - частота , соответствующая верхнему уровню 2. С учетом экспоненциального поглощения жидкостью, энергии поля вдоль обрабатываемого обьема получаем

$$Q(t) = \frac{\alpha W_0 \exp(-\alpha z)}{\hbar f \pi \omega^2 \tau_{vt}} a \exp(-\frac{t}{\tau_{evt}})[\exp(-\frac{r^2}{\omega}) - \exp(-\frac{r_0^2}{\omega_0})] \ (22)$$

Здесь α - коэффицент поглощения электрического поля . Колебательная релаксация внутренней энергиии молекул при термализации приводит к приращению температуры T_1, которое подчиняется уравнению

$$\frac{\partial T_1}{\partial t} - \kappa \Delta T_1 = \frac{Q(t)}{\rho C_p}$$

(23)

с начальными условиями $T_1 = 0$ при $t = 0$.

Решение задачи (23) получается по стандартной методике разделения переменных для цилиндрической области с радиусом r_0 и длиной l и меет вид бесконечного ряда

$$T(r,z,t) = \sum_{m=1}\sum_{k=0}\sin(\frac{\pi k}{l}z)J_0(\frac{\mu_m^{(0)}}{r_0}r)\times$$

$$A_{mk}\frac{\tau_{eVT}\tau_{vt}^{mk}}{\tau_{vt}^{mk}-\tau_{eVT}}[\exp(-\frac{t}{\tau_T^{mk}})-\exp(-\frac{t}{\tau_{eVT}})]$$

$$m = 1,2,3,...,...,k = 0,\pm 1,\pm 2,...,....$$

$$A_{mk} = \frac{2\alpha Wk[1-\exp(-l)(-1)^k]}{c\pi\omega\rho r_0^2\tau_{eVT}[J_1(\mu_m^{(0)})]^2[\alpha^2 l^2+\pi^2 k^2]}B \qquad (24)$$

$$B = \frac{\omega^2}{2}\exp[-(\frac{\mu_m^{(0)}\omega}{2r_0})^2]-\exp(\frac{r_0^2}{\omega^2})\frac{r_0^2}{\mu_m^{(0)}}J_1(\mu_m^{(0)})$$

где $J_0(\mu^{(0)}\frac{r}{r_0})$, $J_1(\mu_m^{(0)})$ функции Бесселя , $\mu_m^{(0)}$ -корни

уравнения $J_0(\mu_m^{(0)}) = 0$. Считаем, что тепло возникает в жидкости в результате колебательной релаксации, которая возбуждается электронными переходами в процессе распада кластеров. Величина τ_{eVT}^{mn} определяет характерное время распространения этого тепла в жидкости за счет ее теплопроводности , но предполагается , что последняя не зависитот состояния колебательных степеней свободы молекул

$$\tau_{eVT}^{mn} = \frac{1}{\kappa^2\lambda_{mn}}, \qquad (25)$$

где $\lambda_{mn} = (\dfrac{\mu_m^{(0)}}{r_0})^2 + (\dfrac{\pi k}{l})^2$ - собственные значения задачи (23).

При этом возникают акустические колебания высокой частоты и термодавление.

5. Результаты расчетов

По формуле (24) были проведены численные расчеты для приращения температуры T_1 в результате нагрева жидкости во вставке из пластика размерами r_0 =0.3 см , l =2.5 см. Полагаем, что вставка обрабатывается полем с энергией W_0 =1 кдж. Расчеты проводились при следующих значениях параметров жидкости во вставке ρ =0.9г /см3, P =20атм, T =300К, c_p =1.77 кДж/кгК, γ =1.666, которые соответствуют техническому маслу при нормальном условиях. $\lambda_f = 656.28 мм$ - это длина волны соответствующая верхнему уровню. Предварительные расчеты приращения температуры T_1, показали , что оно слабо зависит от продольной координаты и составляет величину порядка 0.91 С и также слабо зависит от времени , но мы рассматриваем только однократное воздействие электрического поля. В ячейке нагрев осуществляется очень быстро и устанавливается локальное термодинамическое равновесие на временах порядка 10^{-3} с. Из анализа расчетов следует, что распространение тепла вдоль вставки в сильной степени зависит от величины ω эффективной площади охвата обрабатываемого потока жидкости электрическим полем. Этот нагрев, осуществляется по релаксационному механизму. Таким образом , расчеты показывают, что добиться равномерного нагрева не удается и происходит локальное тепловыделение и образование пузырей.

Полученные результаты открывают определенные возможности для создания новых технических решений и для использования в конкретных приложениях. Следует отметить, что в практически важных случаях следует рассматривать более детально релаксацию в жидкости , т е решать численно систему уравнений поуровневой кинетики или же развить диффузионное приближение типа Фоккера – Планка совместно с уравнениями гидродинамики и переноса тепла. Характерные размеры вставки выбирались из практических соображений . Выбираемые внешние условия соотвествовами техническим требованиям , необходимым для надежной работы вихревых устройств.

Выводы

Феномен синтеза ядер распознан как многоквантовый безизлучательный переход и соствествующим образом рассмотрен. Важно подчеркнуть, что энергия низкочастотных колебаний, которая получается в результате синтеза ядер и определяется константой тепловыделения a не исчезает на временах, больших времени реакции синтеза, а может накапливаться на низкочастотных модах и термализоваться в диссипативную подсистему по механизму релаксации. Таким образом, реакция синтеза протекает в условиях бистабильной среды, и циклическое воспроизведение таких условий возможно лишь в гидродинамических неравновесных течениях. Таким образом, расчеты показывают, что добиться равномерного нагрева не удается и поэтому возможно образование пузырей.

Литература

1. Ф.А. Гареев, Г.Ф. Гареева, И.Е. Жидкова. Геоинформатика , 2003, №1 , стр. 53.
2. Charles G. Beaudette. Excess Heat: Why Cold Fusion Research Prevailed. 2002.
3. В.В. Фисенко. Новое в термодинамике двухфазных потоков. Теоретические предпосылки и практические решения. Теплознергетика, 2000, №1.
4. А.И. Колдамасов ЖТФ, 1991, т. 61, № 2, с. 188-190
5. И.М Федоткин, И.С. Гулый. Кавитация. Кавитационная техника и технология и их использование в промышленности. Часть 2 , Киев, АО , ОКО, 2000, 898с.
6. Л.В. Келдыш. ЖЭТФ, т.47, 1945, 1964.
7. В.А. Коварский, Н.Ф. Перельман, И.Ш. Авербух. Многоквантовые процессы. Энергоатомиздат, Москва, 1985г.
8. Г.М. Зазлавский, Р.З. Сагдеев. Введение в нелинейную физику.1988, М. Наука.

9.   Ю.С. Потапов, Л П Фоминский, С Ю. Потапов. Энергия вращения. Кишинев. 2001.

10. А.А. Альмухамбетова. Дипломная работа, ВТЭМ, Волгодонск, 2005.

11. А.В. Лыков. Теория теплопроводности. 1967г. М. Высшая школа.

Хорст Эккард, Лоренс Г. Фелкер
Андрей Худов - перевел с английского [8]
Майрон Эванс - направил в издательство

Эйнштейн, Картан и Эванс – начало нового века в физике?

Аннотация

В течение полустолетия физики безуспешно пытались заключить все природные силы в пределы единой теории. Майрон Эванс, химический физик по специальности, сумел добиться здесь успеха.

Основываясь на фундаментальных догадках Альберта Эйнштейна и Эли Картана, теория Эванса принимает геометрию самого пространства-времени за источник происхождения всех сил природы. Аналогично тому, как Эйнштейн рассматривал гравитацию как неотъемлемый признак кривизны самого пространства - времени, новая теория рассматривает электромагнетизм как атрибут скручивания пространства - времени. Возможность взаимодействия между гравитацией и электромагнетизмом — а такая возможность отклоняется нынешней господствующей тенденцией в физике - предсказывает появление новых физических эффектов, которые могли бы использоваться для производства энергии из пространства-времени.

Содержание

Введение

В течение многих столетий физики и философы искали единое, унифицирванное описание для всех явлений природы. Сегодня мы знаем, что мир на субмикроскопическом квантовом уровне ведет себя совсем по-другому, чем в знакомом нам, макроскопическом окружении. В частности, теории гравитации вступают в противоречие с квантовой теорией. Поэтому, ожидается, что, если бы гравитация могла бы быть объединена с квантовой теорией, то это породило бы совершенно новые представления. Такое объединение сегодня кажется реальностью, но не на том пути, которое ожидало предыдущие поколения ученых. Эта унификация предсказывает новые фундаментальные последствия - например, производство энергии (или силы) без потребности в привлечении другой первоначальной энергии. Этот прогноз, среди прочих, вызывает большой интерес в профессиональных и научных кругах. Мы сейчас сделаем краткий обзор источников такого объединения.

В 1915 году Альберт Эйнштейн опубликовал теорию гравитационного взаимодействия, названную им Общей теорией относительности, и сегодня она дает нам основу для нашего понимания и исследования космоса в целом. Ранее, в 1905 году, Эйнштейн изложил Специальную теорию относительности, которая покоится на известном постулате «постоянства скорости света» в вакууме. В течение последних тридцати лет своей жизни Эйнштейн искал более полную объединенную теорию, которая могла бы охватить все известные природные силы. Он провел приблизительно с 1925 по 1955 годы в этих исследованиях, но не достиг желаемой цели. Начиная с открытия квантовой механики в 1920-ых годах, большая часть физиков занималась именно этой темой, а не Общей теорией относительности. Тому факту, что квантовая механика согласуется только со Специальной теорией относительности, но не с Общей теорией относительности, не придавали внимания или вовсе его игнорировали. К тому же, в то время как квантовая механика успешно применяется в описании электронной оболочки атомов, она не является подходящей теорией для высоких масс-плотностей, которые существуют в атомных ядрах.

Другим известным шагом к объединенной теории в 20-ом столетии можно назвать объединение электромагнетизма со слабыми ядерными силами через распространение математической модели описания теории квантовой механики. Гравитация оставалась до сегодняшнего дня вне Стандартной Модели физики частиц.

Эли Картан менее известен, чем Эйнштейн. Это французский математик, который обменивался идеями с Эйнштейном относительно многих деталей Общей теории относительности. Первоначальной догадкой Картана было то, что электромагнетизмом может быть производным, через дифференциальную геометрию, от геометрии пространства-времени - более или менее параллельно с догадкой Эйнштейна о том, что гравитация может быть производным от геометрии пространства-времени. Однако успешного слияния ни Картан, ни Эйнштейн не достигли.

Оно было, наконец, достигнуто в году 2003 Майроном Эвансом, который по специальности является химическим физиком, и который принес свежий взгляд на проблему. Эванс получил несколько академических профессорских должностей в Англии и США, но был вынужден отказаться от них из-за своих неортодоксальных представлений и теперь работает как «частный исследователь» на своей родине, в Уэльсе. Оттуда он возглавляет «Альфа Институт Современных Исследований» (AIAS), который представляет его идеи публике, работая как международная рабочая группа. Научно-популярная презентация находится на сайте AIAS [3]. Концентрируясь в настоящее время в своей работе на получении энергии из вакуума - теме, которой признанная наука избегает – сайт AIAS привлекает большой интерес, как показывает стабильное увеличение посещений сайта в статистике вэб-страницы AIAS [4]. Многие известные университеты и исследовательские учреждения со всего мира посетили эти страницы.

1. Четыре силы природы

Чтобы понять значение объединения, нужно начать с понимания параметров, которые должны быть объединены. В физике считается общепринятым, что все взаимодействия в природе являются проявлением четырех первичных сил. Мы охарактеризуем их кратко следующим образом:

1. Отдельные, на первый взгляд, силовые поля, сгенерированные электростатическим зарядом, и магнетизм были объединены в 19-ом столетии, в значительной степени усилиями Максвелла, в то, что теперь называем электромагнетизмом, или электромагнитным полем.

2. Слабые ядерные силы, ответственные за радиоактивный распад. Согласно Стандартной Модели физики элементарных частиц, слабое взаимодействие переносится W- и Z-бозонами,

которые являются «виртуальными частицами». Нейтрино также, как известно, связаны со слабыми взаимодействиями. Известно, что слабые силы - по существу то же самое, что электромагнетизм в сфере очень высоких энергий. Таким образом, эти две силы можно назвать «уже объединенными».

3. Сильные ядерные силы удерживают вместе протоны и нейтроны. Они передаются глюонами и кварками в комбинации, хотя прямая экспериментальная проверка их существования была недостижима до недавнего времени.

4. Гравитация - четвертая первичная сила, но она не отвечает теоретической картине других трех, так как она рассматривается (после Общей теории относительности Эйнштейна) как искривление пространства-времени и не соответствует классическому определению силы. С другой стороны, Общая теория относительности сегодня была достаточно проверена экспериментально, так что никто не сомневается относительно ее правильности.

2. Объединение

Если единое и строгое описание можно было бы дать этим четырем очень различным силам, результатом стало бы появление многих новых как теоретических представлений, так и практических приложений. Кроме того, обоюдные взаимодействия - которые сегодняшняя господствующая тенденция в физике не признает - могли быть расчитаны и использовались. Как мы увидим далее, такие взаимодействия открывают новые возможности для получения энергии. Учитывая нынешний глобальный энергетический кризис, это могло бы быть самым важным применением такой унификации.

Первые три первичные силы относятся к квантовой физике (миру «малому»), в то время как четвертая сила (гравитация) применима на всей шкале, включая космический порядок величин. Поэтому лежащая в основе фундаментальная проблема состоит в том, чтобы объединить Общую теорию относительности с квантовой механикой. Традиционная наука исследовала, по существу, три различных пути, которые могли бы помочь в достижении этого результата:

1. Введение общей теории относительности в квантовую физику. Непреодолимая трудность здесь заключается в том, что время в квантовой физике расматривается как уникальный непрерывный параметр, который несоизмерим с квантуемыми координатами расстояния (или пространственного перемещения).

2. Квантование Общей теории относительности. Но математическая модель описания для этого подхода является в настоящее время неубедительной и неспособной сослаться на экспериментальные испытания.

3. Изобретение полностью новой теории, из которой будут следовать другие. Различные «стринг теории» являются примерами этого, но они требуют нефизических многомерных космосов (N>10), и не предъявили пока поддающихся проверке прогнозов.

Решение приходит неожиданным способом. Через расширение теории Эйнштейна и в соответствии с начальными предложениями Картана, Эванс показывает, что все четыре фундаментальные силы выводятся из одной расширенной теории. Он представляет давно ожидаемую Единую теорию поля. Подход Эванса не следует точно ни одному из трех вышеупомянутых путей, хотя он наиболее близок к третьему в списке.

3. Основы теории Эванса

Чтобы понять основы теории Эванса, мы должны сделать обзор отправной точки Теории относительности Эйнштейна. Эйнштейн постулировал, что присутствие массивного тела или распределение энергии в пространстве (которые являются действительно взаимозаменяемыми, согласно известной формуле $E=mc^2$) изменяют геометрию пространства. Рассматриваемое под прямым углом в пределах Эвклидовой системы координат, это массивное тело «создает» искривление пространства (или, более точно, пространства-времени). Можно записать это в виде формулы:

$$R = kT,$$

где **R** означает искривление (тензор кривизны), **T** - (тензор) плотности энергетического моментума, **k** - константа пропорциональности.

Левая часть этой формулы – относится к геометрии, правая часть – к физике. Эйнштейн, таким образом, использовал геометрию криволинейных координат, которая возвращает к математике Римана. Эта формула предполагает, что пространство-время (то есть три пространственные координаты и время, как четвертая координата) – это 4-х мерный континуум (или множество), чью кривизну мы воспринимаем как силу (а именно, гравитацию).

Формула Эйнштейна не использовала все возможные характеристики геометрии Римана. Она выводит, что **R** описывает только внутреннюю кривизну множества; другими словами, она ограниченно описывает векторы, изменение которых от точки к точке полностью лежит в пределах множества. (см. рис. **1A**).

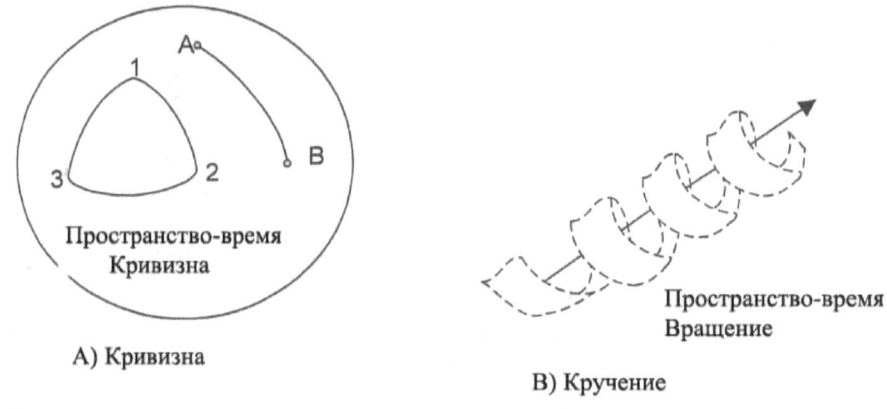

A) Кривизна

B) Кручение

Рис. 1: Кривизна и Кручение

В отличие от этого Картан использовал принцип внешней кривизны, которая определяееется касательным пространством-временем в точке P геометрии Картана Это означает, что допускается изменение векторов также в пределах (и нормально в) касательной плоскости к множеству в любой точке (см. рис. 1B). Картан показал, что внешнее искривление пространства-времени можно использовать для объяснения электромагнетизма, как описано уравнениями Максвелла. К сожалению, использование Эйнштейном математической концепции тензоров делало неясной связь с концепцией геометрии Картана. Картан использовал так называемые «тетрады», чтобы объяснить внешнюю кривизну множества. В 3-мерном случае, это сводится к «триаде» Декартовой системы координаты, которая передвигается вместе с точкой в пространстве. Более точно будет сказать, что тетрада определяет тангенциальное пространство в каждой точке Риманова множества. Таким образом, сохраняется в каждой точке Эвклидово касательное пространство (так называемое фидуциальное пространство), которое значительно упрощает описание и визуализацию физических процессов (рис. 2)

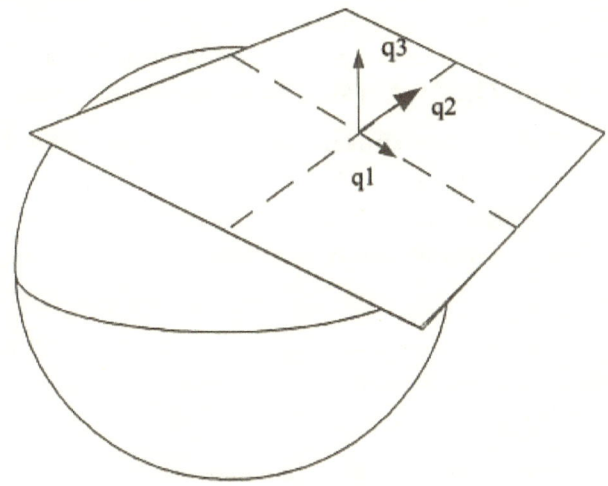

Рис. 2: Касательная плоскость на искривленной поверхности

Несмотря на значение предвидений Эйнштейна и Картана, объединенная теория еще не могла быть сформулирована, потому что экспериментальные показания того, как расширить теорию Максвелла способом, совместимым с Общей теорией относительности, все еще отсутствуют. Ключевое связующее звено было найдено Эвансом около 1990 года в спиновом поле или $\mathbf{B}^{(3)}$ поле.

Решающее значение имеет то, что эмпирическое следствие - Обратный эффект Фарадея (IFE), то есть намагничивание вещества лучом циркуляционно-поляризованного электромагнитного излучения, впервые наблюдавшегося экспериментально в 1964 году - нельзя было бы объяснить электродинамикой Максвелла-Хэвисайда, если не вводить для данного случая материальное свойство тензора.

Однако Эванс в 1992 смог получить Обратный эффект Фарадея (IFE) прямо из первооснов (всеобщей ковариантной единой теории поля, которая включает общую теорию относительности), и, таким образом, сделал предположение о существовании ранее неизвестной составляющей магнитного поля — поля $\mathbf{B}^{(3)}$.

$\mathbf{B}^{(3)}$, неофициально, является общее-релятивистской коррекцией к классической электродинамике, отчасти аналогичной общей-релятивистской поправке к ньютоновой гравитации, помогающей объяснить смещение перигелия орбиты Меркурия.

Обозначения **(1)**, **(2)** и **(3)** здесь относятся к так называемому циклическому базису; поляризационные направления $\mathbf{B}^{(1)}$ и $\mathbf{B}^{(2)}$ относятся к направлениям поперечной поляризации поля. Таким образом, поляризационный индекс должен быть введен в уравнения Максвелла. Этот индекс поляризации соответствует тетрадным векторам $\mathbf{q}^{\mathbf{a}}$ на рис. 2. В заключении это приводит Эванса к постулату, что геометрическое представление электромагнитного вектор-потенциала должно быть следующим:

$$\mathbf{A}^{\mathbf{a}} = \mathbf{A}^{(0)} \, \mathbf{q}^{(\mathbf{a})}$$

где $\mathbf{A}$ – это матрица 4x4 полного электромагнитного потенциала, а $\mathbf{A}^{(0)}$ – коэффициент пропорциональности. Электрические и магнитные поля (объединенные в тензор $\mathbf{F}^{(\mathbf{a})}$ полного электромагнитного поля) тогда выводятся прямо из выражения Картана для скручивания $\mathbf{T}^{(\mathbf{a})}$:

$$\mathbf{F}^{(\mathbf{a})} = \mathbf{A}^{(0)} \, \mathbf{T}^{(\mathbf{a})}$$

В этой модели электродинамика полностью относится к геометрическому скручиванию пространства-времени. Полная картина, объединяющая электромагнетизм с гравитацией, требует как кривизны Римана, так и скручивания Картана. Внутренняя кривизна определяет гравитацию, а внешняя кривизна (то есть, скручивание) определяют электромагнитное поле. Это подробно описано соответствующими уравнениями электрического поля в форме геометрии Римана-Картана. Эта теория названа теорией Эйнштейна-Картана-Эванса (ЕСЕ) , по именам ее главных авторов.

4. Объединение с сильными и слабыми силами

До сих пор было описано то, как сохранение двух первичных сил было представлено в ЕСЕ теории.

Если проанализировать уравнения теории, можно заметить, что они сформулированы для касательного пространства множества Римана. Число базисных векторов этого пространства может быть выбрано произвольно, оно не должно быть обязательно четырехмерным. Таким образом, предлагается возможность выбора таких базисов, которые соответствуют описанию квантованного действия (например, электронного спина).

Кроме того, из геометрии Картана Эванс вывел волновое уравнение, которое является, в принципе, составной частью нелинейного уравнения для (нахождения) собственных значений. Согласно некоторым допущениям приближения, это уравнение становится линейным и предполагает дискретные стабильные состояния. Это – «кванты» энергии-импульса в квантовой механике. Все квантовомеханические теории, в частности, электронная теория Дирака, сильные и слабые взаимодействия, могут быть выведены таким способом, как специальные случаи ЕСЕ теории.

Если мы сравним этот результат с тремя стандартными традиционными путями к унификации, упомянутыми выше, то заметим, что ни один из них, фактически, не применялся. Новая теория предполагает квантовые эффекты, не принимая их сначала (как постулат) . Первые две силы (электромагнетизм и слабая сила) объединены, третья и четвертая выводятся из других рассуждений. Короче говоря, нет действительно «базисных, первичных сил» потому что они все появляются из геометрии!

5. Значение ЕСЕ теории для квантовой физики

Основной вывод состоит в том, что квантовая теория в ее нынешней форме не является фундаментальным описанием природы. В частности, интерпретация Гейзенберга и Принцип соответствия неверны. ЕСЕ вариант квантовой физики основан на классическом, полностью определенном базисе; квантовая неопределенность не играет никакой роли. Однако уравнения квантовой механики (например, уравнение Шредингера) правильны и описывают классические статистические процессы. Это было бы признаком ошибочности теории ЕСЕ, если бы она не предсказывала этот результат, потому что уравнения квантовой механики тысячекратно проверены экспериментально.

Эванс также утверждает, что соотношение неопределенностей Гейзенберга возникло только от непонимания, и не может быть оправдано. Все физические точки массы в теории поля – это фактические плотности - то есть кванты энергии-материи, распыленные в пространстве. Таким образом квант действия Планка должен быть разделен на объем, например, измерительного прибора, в котором две дополнительные переменные (например, положение и импульс) измерены. Результат может стать произвольно малым, то есть неопределенность может быть уменьшена до степеней в десять раз меньше, чем предварительно считалось. Элементарная частица поэтому не может быть отнесена ни исключительно к волне, ни исключительно к частице, но одновременно обладает характеристиками обоих.

Это звучит фантастически для теории физики, но именно это было установлено определенное время назад [5]. Экспериментальное опровержение соотношения неопределенностей было выполнено традиционной физикой.

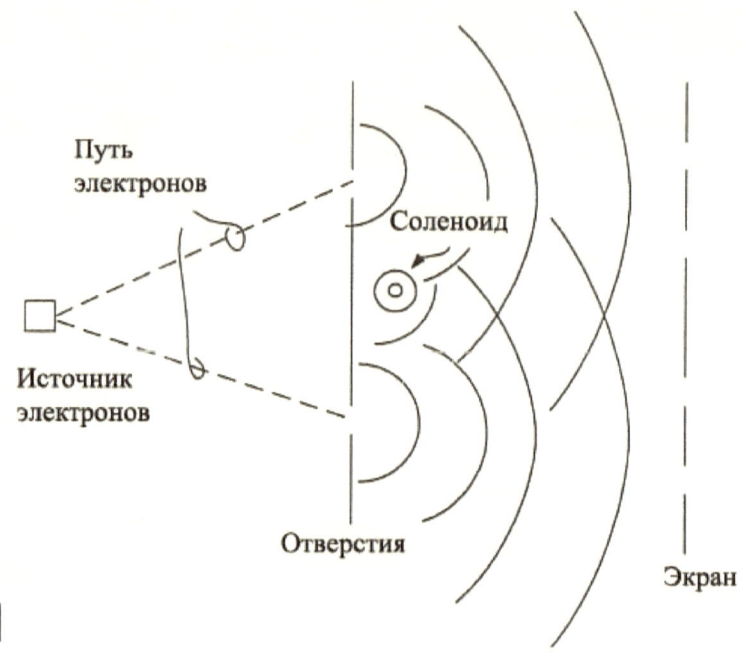

Рис. 3: Эффект Ахаронова Бома

В качестве следующего примера, который ранее было трудно объяснить, мы рассмотрим Эффект Ахаронова Бома (рис. 3). Два электронных луча дифрагированы через двойное отверстие на экран, где получается типичная интерференционная картина. В области дифракции помещено замкнутое тороидальное кольцо. Магнитное поле циркулярно замкнуто и, таким образом, остается в пределах кольца. Если теперь включить, а затем выключить магнитное поле, в каждом случае будут получены две различных картины интерференции.

Замкнутое магнитное поле, таким образом, оказывает влияние на электронные лучи, хотя они не находятся в прямом контакте с кольцом. Это выглядит как квантовомеханическое «воздействие на расстоянии», которое породило замешательство и множество спекуляций.

Эта проблема трактуется в ЕСЕ теории следующим образом. Магнитное поле соленоида создает в пространстве-времени «вихрь» (вследствие его скручивания), который расширяется в пространстве за пределы самого кольца. Затягивающий эффект этого вихря (то есть эффект вектор-потенциала **A**) может влиять на электронные лучи. Таким образом, очевидное «воздействие на расстоянии» формально уменьшает эффект по сравнению с локальным, причинно обусловенным влиянием.

Эванс указывает, что кривизна всегда сопровождается скручиванием. Так как кривизна проявляется как гравитационная масса, из этого следует, что спин всех элементарных частиц должен отдавать составляющую своей гравитационной массы. О нейтрино это известно уже экспериментально, хотя стандартная модель терпит здесь неудачу. Также и фотоны должны обладать гравитационной массой, которая является чрезвычайно малой и находится ниже нынешних пределов чувствительности.

6. Значение теории ЕСЕ для технологий

Как правило, новые теории реализуются в практические приложения только через многие годы. В случае ядерного синтеза, надежда относительно производства полезной энергии для использования обществом, оставалась несбывшейся даже по прошествии 50 лет. ЕСЕ теория, напротив, предлагает непосредственные возможности применения в различных областях — в частности, в неотложном вопросе производства энергии.

Возможность нового источника энергии является результатом взаимодействия между гравитацией и электромагнетизмом. Согласно существующей стандартной теории (уравнения Максвелла) это взаимодействие невозможно.

Однако, ЕСЕ теория предполагает, что поле тяготения всегда связано с электрическим полем, и наоборот [6]; это можно назвать «электрогравитацией». Эффект был известен эмпирически в течение десятилетий, конечно, но до сих пор ощущался недостаток в количественном описании.

Теперь это стало возможно с помощью ЕСЕ теории. Практическое приложение ее должно весьма заинтересовать космическую и авиапромышленность.

В сфере электрических генераторов униполярный электрогенератор ждал адекватного обяснения, начиная с его изобретения Фарадеем в 1831 году. Теперь возможность его существования полностью объяснима [7]. Аналогично с эффектом Ахаронова Бома, во внимание должно быть принято скручивание пространства-времени. В этом случае он создается благодаря механическому вращению.

Самой интересной сферой промышленного применения является извлечение энергии прямо из пространства - времени.

Нужно понимать это как резонансный эффект. Уравнения ECE теории показывают, что материя может «преобразовывать» энергию из окружающего пространства-времени (иногда говорят также о «вакууме»). Чтобы довести теорию до практического применения, требуется создание соответствующей структуры пространства-времени, например, соответствующего механического или электромагнитного оборудования. Структура должна работать так, чтобы достигалось резонансное возбуждение материала. Известно, что с помощью принудительных механических колебаний с соответствующей частотой возбуждения большие количества энергии могут перемещаться в направлении от колебательной системы или к ней.

Вероятно, что многочисленные «сверхобъединяющие» изобретения в области производства альтернативной энергии функционируют и в настоящее время. В этих случаях изобретатели нашли резонансный механизм случайно. Поэтому некоторые эксперименты невозможно повторить, т.к. базовый механизм действия и критические параметры системы, которые привели к желательному результату, фактически неизвестны.

ECE теория позволяет вычислить эти параметры точно. Группа AIAS в настоящее время изучает механизм возбуждения через численное решение ECE уравнений.

Экспериментальные работы должны быть сконцентрированы на резонансном возбуждении в электрических цепях. Если можно получить энергию этим способом, механически движущиеся части (как в электрогенераторах) не требуются; и, как следствие – создается маленький размер источника энергии. При этом каждый электрический прибор, в принципе, сможет оснащаться собственным источником питания. Базовые компоненты могут иметь возможность каскадного объединения до размера электростанции.

Еще одна сфера приложения находится в медицинской технике. Ядерный магнитный резонанс (ЯМР) в томографии требует очень высоких магнитных полей, которые влекут за собой соответственно комплексную разработку и конструкцию. Вместо этого можно было использовать Обратный эффект Фарадея (описанный выше) для генерации заданного магнитного поля непосредственно в больном. Это потребует только электромагнитного излучения в радиодиапазоне. Большие катушки электромагнита при этом не потребуются, аппаратура для ЯМР сможет быть построена в зачительно меньших размерах и стать более дешевой.

7. Значение ЕСЕ теории для космологии

ЕСЕ теория также имеет значение для астрофизики и космологии. Расширение космоса, условно говоря, управляется в соответствии с Законом Хаббла, который предсказывает что галактики удаляются от нас тем быстрее, чем дальше они удалены от нас. Это закон базируется на сдвиге спектра света звезд, исходящего от удаляющихся галактик, в красном диапазоне .

Однако астрономы недавно обнаружили колебания красного смещения, которые не согласуются с Законом Хаббла, хотя это публично не обсуждалось. ЕСЕ теория может объяснить легко эти отклонения. Можно перенести ЕСЕ уравнения на диэлектрическую модель. Взаимное влияние между излучением и гравитацией можно описать при этом, вводя комплексную диэлектрическую постоянную. Это приводит к прогнозированию преломления света и поглощения. В областях с высокой массовой плотностью диэлектрическая постоянная больше, чем в областях с низкой массовой плотностью. Поглощение энергии в пределах этих участков приводит к увеличению красного сдвига. Такая модель выходит далеко за пределы модели Хаббла.

В теории Эванса космическое фоновое излучение объясняет энергию поглощенного излучения и не выглядит как доказательство Большого Взрыва, который не происходит в этой модели. Вместо этого там разворачиваются и сжимаются области космоса, расположенные рядом друг с другом.

8. Заключение

ЕСЕ теория описывает объединение четырех первичных сил и их взаимное влияние друг на друга простым неортодоксальным способом. Вся физика становится уменьшенной до геометрии. Квантовая теория помещается на причинно обусловленную базу, в то время как статистическое описание процессов на атомарном уровне сохраняется.

Важные пункты ЕСЕ теории следующие:

1. Пространство-время полностью определяется кривизной и скручиванием. Вся физика может быть выведена через дифференциальную геометрию из лежащих в основе исконных качеств пространства-времени.

2. Кривизна - основа гравитации, а скручивание – это основа электромагнетизма. Также скручивание подразумевает кривизну и наоборот.

3. ЕСЕ теория математически основана на дифференциальной геометрии. Она базируется исключительно на причинных связях, а не на случайных, вероятностных процессах.

4. ЕСЕ теория опирается на три постулата: постулат кривизны Эйнштейна и два скручивания, постулируемые Эвансом в пределах электромагнитного сектора.

5. Представления Эйнштейна даже более проницательны, чем они казались ранее. В особенности, взгляды Эйнштейна, что «вся физика является геометрией» и что «квантовая механика неполна», являются правильными.

6. Копенгагенская интерпретация квантовой механики некорректна; абстрактный космос квантовой теории – это тангенциальное (касательное) пространство общей теории относительности.

7. Связь электродинамики с гравитацией приводит к большому количеству новых приложений.

8. В космологии не работает ни Закона Хаббла, ни теория Большого Взрыва.

Без существенной переоценки нынешних подходов эти идеи трудны для понимания нынешних университетских ученых. Теория Эванса получит сильный импульс для дальнейшей разработки, если она достигнет успехов в открытии новых источников энергии. Тогда эти идеи станут общепринятыми независимо от поддержки университетов и исследовательских институтов.

Литература

1. http://www.aias.us/, http://www.atomicprecision.com/
2. Майрон В. Эванс, Всеобщая Ковариантная Единая теория поля, часть 1. Abramis, 2005, ISBN 1-84549-054-1
3. Л.Г. Фелкер, Уравнения Единой теории поля Эванса, http://www.aias.us/
4. www.aias.us/weblogs/log.html

5. http://en.wikipedia.org/wiki/Afshar_experiment,
    http://www.aias.us/Comments/comments01022005.html

6. П.К. Анастасовский и другие. Разработка Волнового
    уравнения Эванса в пределах слабого поля: Уравнение
    электрогравитации,   2003,
    www.aias.us/pub/electrogravitic2.pdf

7. Ф. Амадор и другие., Пояснение к Дисковому
    Электрогенератору Фарадея в Объединенной Теории Поля
    Эванса, документ 43 из серии по объединенному полю, 2005,
    http://www.aias.us/pub/a43rdpaper.pdf

8. Horst Eckraft, Laurence G. Felker. Einstein, Cartan and Evans –
    Start of a new Age in Physics? http://www.aias.us/pub/ECE-
    Article_EN.pdf

Серия: ЭЛЕКТРОДИНАМИКА

Хмельник С.И., Хмельник М.И.

Условия существования продольной энергозависимой электромагнитной волны

Аннотация

Показывается, что в продольной энергозависимой электромагнитной волне наблюдается магнитная поляризация диполей воздуха, заключающаяся в том, что диполи поляризуются силами Лоренца в направлении, перпендикулярном вектору тепловой скорости, с которой они движутся в области данной волны. Показывается, далее, что такая поляризация существенно ограничивает степени свободы молекул воздуха, а это приводит к уменьшению внутренней энергии воздуха. Изменяющаяся электромагнитная энергия волны в сумме с изменяющейся внутренней энергией воздуха удовлетворяют закону сохранения энергии. Условия выполнения этого закона и являются условиями существования данной волны. Показывается, что следствием этого условия оказывается понижение температура в области волны. Это явление наблюдается в экспериментах. Определяется скорость распространения данной волны в воздухе.

Оглавление

1. Введение

В [1-9] доказывается существование продольной электромагнитной волны и показывается, что она может существовать только в условиях обмена энергией с окружающей средой. Подобно тому, как аэроплан не может летать в вакууме, но летает в воздухе, продольная энергозависимая электромагнитная волна не может существовать в вакууме, но существует в воздухе. Условия ее существования обсуждаются ниже. Показывается, что в такой волне наблюдается магнитная поляризация диполей воздуха, заключающаяся в том, что диполи поляризуются силами Лоренца в направлении вектора скорости, с которой они входят в область данной волны. Показывается, далее, что такая поляризация существенно ограничивает степени свободы молекул воздуха, а это приводит к уменьшению внутренней энергии воздуха и, как следствие, понижению его температуры. Таким образом, данная волна катализирует тепловой процесс. Изменяющаяся электромагнитная энергия волны в сумме с изменяющейся внутренней энергией воздуха удовлетворяют закону сохранения энергии. Условия выполнения этого закона и являются условиями существования данной волны. Показывается, что следствием этого условия оказывается понижение температура в области волны. Это явление наблюдается в экспериментах. Определяется скорость распространения данной волны в воздухе.

2. Электрическая и магнитная поляризация электрических диполей воздуха

Рассмотрим рис. 1, где обозначено:

L - длина диполя,

q - заряд диполя,

$\overline{L}$ - вектор диполя, направленный от "−" к "+",

$\overline{E}$ - напряженность электрического поля,

$\overline{H}$ - напряженность магнитного поля, направленная перпендикулярно плоскости рисунка,

$\overline{V}$ - скорость движения центра диполя,

$\overline{F}$ - сила Лоренца, действующая на движущийся в магнитном поле единичный заряд,

α - угол между вектором диполя $\overline{L}$ и напряженностью $\overline{E}$ или силой $\overline{F}$.

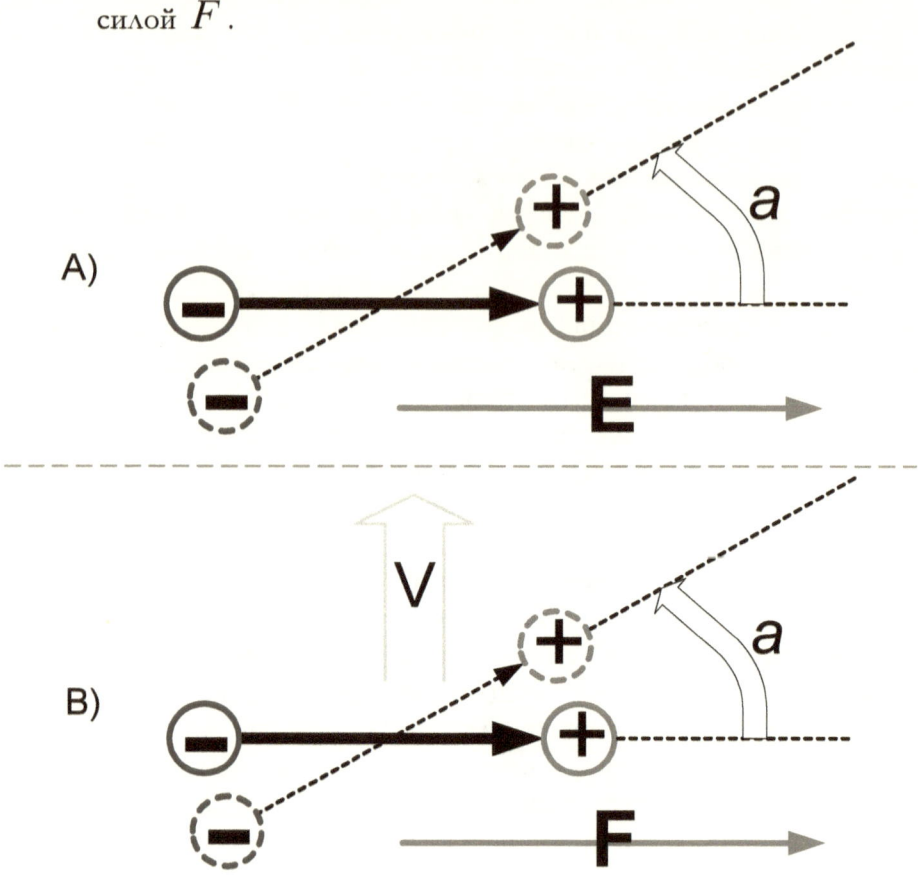

Рис. 1. А) Электрический диполь в электрическом поле.

В) Электрический диполь, движущийся со скоростью V в магнитном поле.

Электрический момент диполя

$$\overline{p} = q\overline{L}$$
(1)

Устойчивым положением диполя, соответствующим минимуму его потенциальной энергии, является положение $\alpha = 0$, при котором векторы диполя $\overline{L}$ и напряженности $\overline{E}$ параллельны и вращающий молмент равен 0 -.см. рис. 1. Ориентацию диполя вдоль вектора напряженности $\overline{E}$ называют <u>электрической поляризацией</u>. Работа, совершаемая полем при переходе диполя в состояние устойчивого равновесия, равна

$$W_e = (\overline{p}, \overline{E}), W_e = qLE\cos(\alpha). \tag{2}$$

Это - изменение потенциальной энергии диполя в процессе его ориентации. Работа, совершаемая электрическим полем в процессе ориентации диполя, выполняется за счет изменения внутренней энергии диэлектрика W_T. При изменении угла α изменяются потенциальная энергия диполя W_e и внутренняя энергия диэлектрика W_T (для воздуха, рассматриваемого как идеальный газ, это – энергия теплового движения молекул), однако их сумма в силу закона сохранения энергии остается постоянной – см. рис. 2.

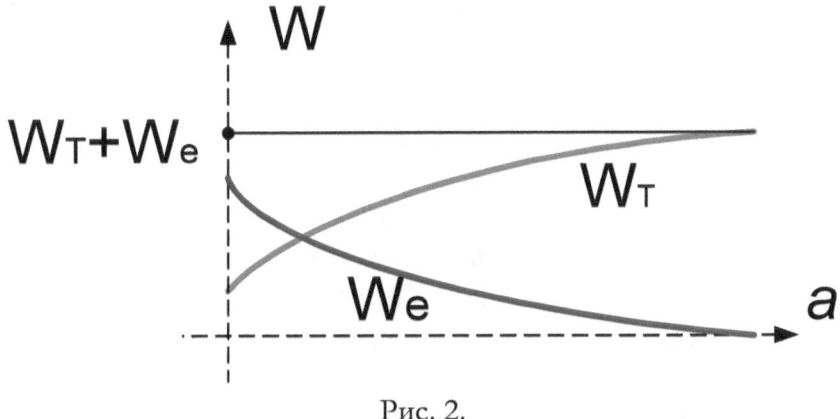

Рис. 2.

Таким образом, <u>электрическая поляризация диполей уменьшает внутреннюю энергию диэлектрика</u>. Но число ориентированных диполей возрастает с увеличением напряженности. Следовательно, <u>с увеличением напряжености уменьшается внутренняя энергия диэлектрика</u>

Плотность энергии поляризации, как известно [10], равна

$$W_e = \varepsilon_o \chi_e E^2, \tag{3}$$

где χ_e - ориентационная поляризуемость электрическим полем. Электрическая поляризованность выражается двояко[10]:

$$P_e = pn_e = \varepsilon_o \chi_e E, \tag{4}$$

где n_e - количество поляризованных диполей. Отсюда находим:

$$n_e = \varepsilon_o \chi_e E / P_e \,, \tag{5}$$

$$W_e = p n_e E \,. \tag{6}$$

Рассмотрим далее процесс поляризации электрического диполя в магнитном поле (насколько известно авторам, такое явление в литературе ранее не рассматривалось). Этот процесс изображен на рис. 1в. Если центр диполя движется со скоростью $\overline{V}$ (в данном случае это – скорость теплового движения), то на каждый заряд диполя будет действовать сила Лоренца. В расчете на единичный положительный заряд эта сила равна

$$\overline{F} = \mu_o \overline{H} \times \overline{V} \,, \tag{8}$$

где $\overline{H}$ – напряженность магнитного поля, μ_o - магнитная постоянная. Силы, действующие на каждый заряд диполя, будут создавать вращающий момент и поворачивать диполь. Когда диполь повернется так, что вектор диполя $\overline{L}$ будет перпендикулярен вектору скорости $\overline{V}$, то силы Лоренца будут направлены в противоположные стороны и вращающий момент этих сил будет равен нулю. Диполь примет положение устойчивого равновесия (подробно движение диполя в процессе его ориентации перпендикулярно вектору скорости рассмотрен ниже в параграфе 5). При этом указанная сила $\overline{F}$ будет по своему действию на магнитную поляризацию аналогична действию напряженности $\overline{E}$ на поляризацию в электрическом поле. На основании этой аналогии изменение потенциальной энергии движущегося в магнитном поле электрического диполя выражается формулой, похожей на формулу (2)

$$W_h = \left(\overline{p}, \overline{F} \right), W_h = qLF \cos(\alpha). \tag{9}$$

Угол α отсчитывается от положения устойчивого равновесия, при котором $\alpha = 0$.

Таким образом, ориентацию диполя перпендикулярно вектору скорости $\overline{V}$ будем называть магнитной поляризацией электричиского диполя (по аналогии с электрической поляризацией). По аналогии с предыдущим можно утверждать, что при определенной скорости движения диполей с увеличением магнитной наряженности уменьшается внутренняя энергия диэлектрика

Отметим, что в отличие от электрической поляризации диполей здесь диполи ориентируются в разных направлениях (вследствие хаотического движения молекул), поэтому не возникает суммарного магнитного момента (аналогичного вектору $\overline{P_e}$). Поэтому непосредственно экспериментально наблюдать эту магнитную поляризацию невозможно. Таже следует заметить, что происходит еще магнитная поляризация молекул воздуха, как парамагнетика, параллельно вектору $\overline{H}$. Но этот эффект очень мал и поэтому здесь не рассматривается.

Плотность энергии магнитной поляризации запишем по аналогии с формулой (6)

$$W_h = p n_h F,\qquad(10)$$

где n_h - количество магнитно поляризованных диполей в кубометре воздуха. Для оценки этой величины заметим, что механизм магнитной ориентации таков, что молекулы в этом случае ориентируются активнее, поскольку

✓ величина силы F на несколько порядков превышает величину напряженности E, т.е. силы, действующей на единичный заряд;

✓ в любом направлении, перпендикулярном вектору $\overline{V}$, есть, как правило, не равная нулю проекция вектора магнитной напряженности $\overline{H}$.

Будем полагать, что относительное количество магнитно поляризованных диполей в кубометре воздуха

$$\overline{n_h} = n_h / n_o,\qquad(11)$$

где n_o - количество диполей в кубометре воздуха, пропорционально магнитной напряженности, т.е.

$$\overline{n_h} = \xi_h H.\qquad(12)$$

Величина коэффициента ξ_h будет оценена ниже (она имеет размерность м\А).

Совмещая (8) и (10), находим:

$$W_h = p n_h (\mu_o H V).\qquad(13)$$

Таким образом, энергия магнитной поляризациии диполей определяется формулой (13).

3. Энергия электромагнитной волны

В силу сказанного энергия электромагнитной волны в общем случае состоит из

A. энергии электронной поляризации диполей,

B. энергии ориентационной электрической поляризации диполей,

C. энергии ориентационной магнитной поляризации диполей,

D. энергии упорядоченного движения диполей под действием градиента электрической напряженности,

E. электрической энергии вакуума,

F. магнитной энергии вакуума (каковым для магнитного поля является воздух).

Стоячая электромагнитная волна в воздухе обладает рядом особенностей по сравнению с общим случаем:

1. энергия "A" отсутствует, поскольку воздух содержит жесткие диполи (молекулы азота и кислорода),

2. энергия "B" присутствует и равна величине (6),

3. энергия "C" присутствует, поскольку молекулы воздуха движутся с некоторой скоростью, пересекая магнитные силовые линии; она равна величине (13),

4. энергия "D" отсутствует, поскольку в данной конструкции отсутствует градиент напряженности [9],

5. энергия "E" присутствует и равна величине $\varepsilon_o E^2 / 2$,

6. энергия "F" присутствует и равна величине $\mu_o H^2 / 2$.

Таким образом, энергия электромагнитной волны в данном случае равна сумме энергий "B, C, E, F". Будем рассматривать только изменение этих энергий. В силу закона сохранения энергии должно соблюдаться равенство плотностей этих энергий, т.е.

$$\frac{\mu_o H^2}{2} + \frac{\varepsilon_o E^2}{2} + pn_e E + pn_h (\mu_o VH) = 0. \qquad (1)$$

4. Катализация тепловых процессов

Расчеты показывают, что три последних слагаемых намного меньше первого слагаемого (даже в том случае, когда $n_h = n_o$). Поскольку рассматриваемая волна существует [2, 8], необходимо (для выполнения закона сохранения энергии) обнаружить дополнительный источник энергии.

Чтобы не рассматривать отдельно изменение энергии молекул кислорода и азота, будем рассматривать воображаемую молекулу воздуха с усредненными параметрами. Масса моля воздуха при таком усреднении равна $29 \cdot 10^{-3} кг$. Такое упрощение часто применяется при анализе тепловых свойств воздуха.

Обычно в газе возможны различные виды движения молекул (поступательное по трем осям и вращательное вокруг этих осей), чему соответствует в общем случае 6 степеней свободы, а для воздуха как двухатомного газа – 5 степеней свободы (т.к. можно пренебречь вращением относительно оси диполя). В молекулярной физике [12] расчеты энергии теплового движения молекул выполняются в предположении равномерного распределения энергии по степеням свободы.

При электрической поляризации диполей, когда диполь силами электрического поля удерживается ориентированным по силовой линии, затруднены 2 вращательных движения. Следовательно, нет энергии по двум степеням свободы.

При магнитной поляризации диполь привязан к определенному направлению скорости и, следовательно, затруднены еще 2 поступательных движения.

Математически все сказанное можно описать тем, что при расчете внутренней энергии воздуха для электрической поляризации диполей надо уменьшить число степеней свободы на 2, а при магнитной поляризации диполей надо уменьшить число степеней свободы на 4.

Таким образом, электрически поляризованный диполь теряет две степени свободы, а магнитно поляризованный диполь теряет 4 степени свободы. Если до поляризации тепловая энергия диполя равнялась величине $5kT/2$, то после электрической и магнитной поляризации она уменьшится на величину kT или $2kT$ соответственно. Таким образом, поляризация диполей катализирует уменьшение внутренней энергии воздуха. Предположение об этом было сформулировано в [4].

Физически уменьшение внутренней энергии при поляризации диполей можно объяснить так. В отсутствие поляризации при столкновении молекул выполняется закон сохранения кинетической энергии системы этих двух молекул. При столкновении поляризованных молекул происходит (в следствие изменения направления скоростей) отклонение диполей от положения устойчивого равновесия. На это затрачивается некоторая энергия. Следовательно, кинетическая энергия молекул после удара уменьшается, т.е. уменьшается внутренняя энергия воздуха. Математически это было учтено выше уменьшением числа степеней свободы.

Запишем величину уменьшения плотности внутренней энергии воздуха при поляризации:

$$W_T = kTn_e + 2kTn_h. \tag{2}$$

где k - постоянная Больцмана, T - абсолютная температура воздуха. В силу вышеизложенного

$$n_h \gg n_e. \tag{3}$$

Тогда получим из (2.11, 2, 3):

$$W_T = 2kTn_o \overline{n_h}. \tag{4}$$

Заметим, что полная внутренняя энергия воздуха

$$W_{TO} = 2.5kTn_o \tag{5}$$

а при полной поляризаци, когда $\overline{n_h} = 1$, она уменьшается на величину

$$W_{T\,max} = 2kTn_o. \tag{6}$$

т.е. уменьшается на 80%. Перепишем (4) в виде

$$W_T \approx \sigma \overline{n_h} \tag{7}$$

где

$$\sigma = 2kTn_o. \tag{7a}$$

После подстановки (2.12) в (7) получаем

$$W_T = \sigma \xi_h H \tag{8}$$

Таким образом, уменьшение внутренней энергии воздуха зависит от числа магнитно ориентированных молекул, которое, в свою очередь, зависит от магнитной напряженности. Именно эта энергия участвует в процессе энергообмена в рассматриваемой волне. Баланс энергии в данном случае описывается уравнением вида

$$\frac{\mu_o H^2}{2} - W_T \approx 0 \, . \tag{9a}$$

или, с учетом (4),

$$\frac{\mu_o H^2}{2} - 2kTn_o \overline{n_h} \approx 0 \, . \tag{9в}$$

или, с учетом (8),

$$\frac{\mu_o H^2}{2} - \sigma \xi_h H \approx 0 \, . \tag{9c}$$

Следовательно, данная волна существует, если выполняется условие (9с). Из него находим:

$$\xi_h \approx 0.5 \mu_o H / \sigma \, . \tag{10}$$

или

$$\xi_h \approx 2\pi \sigma_1 H \, . \tag{11}$$

где

$$\sigma_1 \approx \mu_o / (4\pi\sigma). \tag{11a}$$

С учетом (2.11, 2.12) получаем:

$$\overline{n_h} \approx 2\pi \cdot \sigma_1 H^2 \, , \tag{12}$$

$$n_h \approx 2\pi \cdot \sigma_1 H^2 n_o \, . \tag{13}$$

Пример 1. При $H = 10^5$, $n_o = 3 \cdot 10^{25}$, $k = 1.38 \cdot 10^{-23}$, $T = 300$, $\mu_o = 4\pi 10^{-7}$, $\chi_e = 5 \cdot 10^{-17}$, $p_e = 2 \cdot 10^{-29}$ согласно (2.11, 2.12, 7a, 11-13), находим:

$$\sigma = 2kTn_o = 2.5 \cdot 10^5 \, , \qquad \sigma_1 \approx \mu_o / (4\pi\sigma) = 4 \cdot 10^{-13} \, ,$$

$$\xi_h \approx 2\pi \sigma_1 H = 2.5 \cdot 10^{-7} \, , \qquad \overline{n_h} = \xi_h H = 2.5 \cdot 10^{-2} \, ,$$

$$n_h = \overline{n_h} \cdot n_o \approx 7.5 \cdot 10^{23} \, , \quad n_e = \chi_e / p_e = 2.5 \cdot 10^{12} \, .$$

Сравнивая эту величину с n_h и n_e, замечаем справедливость предположения (3).

5. Моделирование магнитной поляризации диполя

Известно, что движение электрического заряда в электромагнитном поле описывается уравнением вида

$$m\frac{dV}{dt} = q\left(\overline{E} + \overline{V} \times \overline{H}\right), \tag{1}$$

где m - масса заряда, q - заряд. Рассмотрим плоский случай, когда диполь движется в плоскости, перпендикулярной вектору $\overline{H}$ - см. рис. 4, где

$\overline{V}$ - вектор скорости,

β - угол наклона вектора скорости,

α_o - начальный угол наклона вектора диполя,

α_p - угол наклона вектора поляризованного диполя,

$\overline{V}'_1$, $\overline{V}'_2$ - ускорения, вызванныс силами Лорснца,

действующими на заряды диполя.

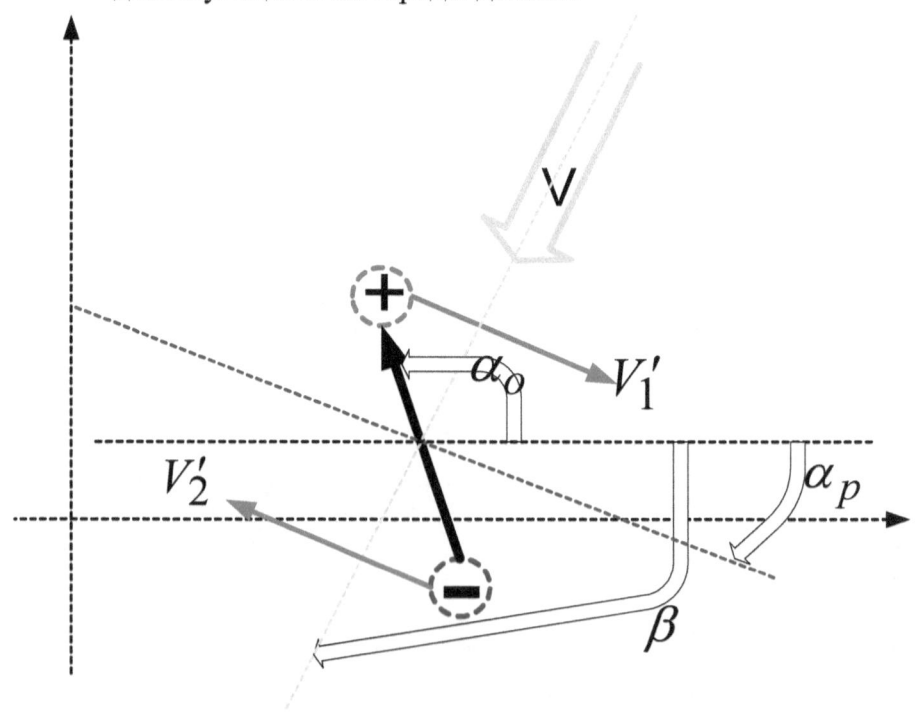

Рис. 3.

При этом

$$\alpha_p = \beta \pm \pi / 2 , \qquad (2)$$

где знак определяется направлением вектора $\overline{H}$.

Будем записывать плоские векторы в виде комплексных чисел. Тогда уравнение (1) принимает вид следующей системы уравнений:

$$m \frac{dV_1(t)}{dt} = q\left(E \cos(\omega t) \pm j V_1(t) H \sin(\omega t)\right), \qquad (3)$$

$$m \frac{dV_2(t)}{dt} = -q\left(E \cos(\omega t) \pm j V_2(t) H \sin(\omega t)\right), \qquad (4)$$

$$L = \left| \overline{r_1(t)} - \overline{r_2(t)} \right|, \qquad (5)$$

где знаки определяются направлением вектора $\overline{H}$, индексы 1, 2 относятся к отрицательному и положительному зарядам диполя, а

j - мнимая единица,

L - длина диполя,

r - вектор положения заряда диполя,

m - половина массы диполя,

q - заряд электрона,

ω - частота колебаний электромагнитного поля.

При моделировании примем, что

$$\omega = 3000 c^{-1}, \quad E = 3 В/м, \quad H = 10^5 А/м,$$

$$L = 10^{-10} м, \quad q / m = 6 \cdot 10^6 Кл/кг.$$

Уравнения решаем при следующих начальных условиях: $V_o(0) = -500(0.5 + j) м/с$ - начальная скорость центра диполя, равная тепловой скорости в начале свободного пробега, $V_1(0) = V_2(0) = V_o(0)$, $r_1(0) = 0$, $r_2(0) = 0.3 \cdot L(-1 + 3j)$. При этом α_o, β_o примут следующие начальные значения:

$$\alpha_o = arcTg(-3) \approx -1.25 \approx 108°, \quad \beta_o = arcTg(2) \approx 1.1 \approx -117°.$$

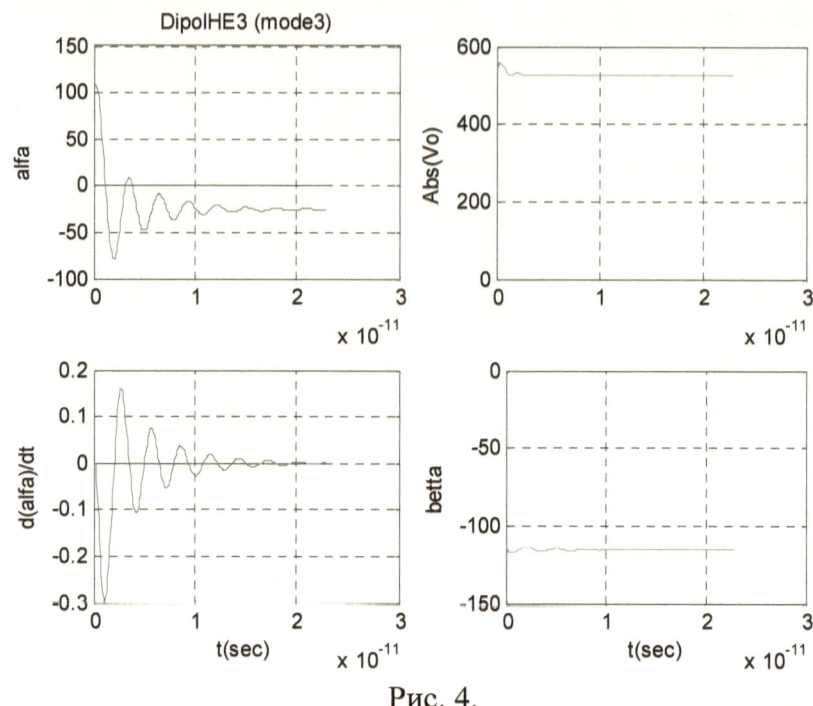

Рис. 4.

На рис. 4 показан результат численного моделирования процесса магнитной поляризации диполя на протяжении длины свободного пробега: на горизонтальной оси показан масштаб времени, в окнах показаны графики зависимости от времени

$\alpha(t)$ - угла поворота диполя,

$d\alpha(t)/dt$ - скорости изменения угла поворота диполя,

$V_o(t)$ - абсолютного значения скорости центра диполя,

$\beta(t)$ - угла скорости центра диполя.

Видно, что диполь за время $\Delta t \approx 10^{-11}$ поворачивается из первоначального положения $\alpha_o \approx 108°$ так, чтобы расположиться перпендикулярно вектору скорости в соответствии с (2). Действительно, в результате расчета определяются установившиеся значения величин $\beta = -115°$, $\alpha_p = -25°$, для которых выполняется условие (2):

$$\alpha_p = \beta + \pi/2 \approx -115° + 90° = -25°.$$

При этом скорость центра диполя остается постоянной и по величине и по направлению.

Известно, что средняя длительность свободного пробега молекулы воздуха при комнатной температуре 300K равна $\tau \approx 10^{-10}$. Видно, что $\tau >> \Delta t$, т.е. практически все время свободного пробега молекула находится в магнитно поляризованном состоянии. Таким образом, показано, что на протяжении длины свободного пробега диполь остается магнитно поляризованным перпендикулярно вектору скорости теплового движения.

6. Температура в области электромагнитной волны

Известно [11], что зависимость внутренней энергии газа u от его температуры T для единицы объема имеет следующий вид

$$u = sDT, \quad D = \frac{\rho R}{2M}, \tag{1}$$

где

s - число степеней свободы молекул (для воздуха – двухатомного газа $s = 5$),

$\rho \approx 1.2 \text{кг/м}^3$ - плотность воздуха,

M - масса моля газа (для воздуха $M = 29 \cdot 10^{-3}$ кг/моль),

$R = 8.31 \text{Дж/} (\text{моль} \cdot \text{К})$ - универсальная газовая постоянная.

Таким образом, воздушная константа $D \approx 175 \text{Дж/} (\text{м}^3 \text{К})$.

Изменение внутренней энергии при изменении температуры на ΔT определяется формулой

$$\Delta u = -sD \cdot \Delta T. \tag{2}$$

Полагая, что эта величина равна уменьшению внутренней энергии воздуха при поляризации молекул, и учитывая, что после магнитной поляризациии $s = 1$, из (4.9a) получаем:

$$\frac{\mu_o H^2}{2} + D \cdot \Delta T \approx 0. \tag{3}$$

Отсюда находим

$$\Delta T = -\frac{\mu_o H^2}{2D} \,. \tag{4}$$

Пример 2. В экспериментах [2] наблюдалась волна рассматриваемого типа с индукцией в области волны $B_1 = 0.05 Тл$. Соответствующая напряженность имела величину $H_1 = B/\mu_o \approx 5 \cdot 10^4$. Подставляя ее в (4), находим понижение температуры $\Delta T \approx -7°$, что соответствует измерениям в этих экспериментах.

7. О скорости распространения продольной волны в воздухе

В уравнении (4.9в) H – амплитуда напряженности, а $\overline{n_h}$ – среднее значение относительного количества магнитно поляризованных диполей воздуха. Очевидно, количество магнитно поляризованных диполей воздуха, будучи зависимым от H (см (2.12)), колеблется синхронно с H. Поэтому рассмотрим амплитудное значение относительного количества магнитно поляризованных диполей и еще раз запишем (4.9в):

$$\frac{\mu_o H^2}{2} - 2kT n_o \overline{n_h} \approx 0 \,. \tag{1}$$

Сравним (1) с уравнением баланса магнитной и электрической энергий бегущей волны в вакууме

$$\frac{\mu_o H^2}{2} - \frac{\varepsilon_o E^2}{2} \approx 0 \,, \tag{2}$$

которая распространяется со скоростью света

$$c = 1/\sqrt{\varepsilon_o \mu_o} \,. \tag{3}$$

Запишем (1) в виде

$$\frac{\mu_o H^2}{2} - \frac{4kT n_o \left(\sqrt{\overline{n_h}}\right)^2}{2} \approx 0 \,. \tag{3a}$$

Сравнивая (3а) с (2), по аналогии находим скорость распространения волны магнитной поляризации диполей:

$$d = 1 / \sqrt{4kTn_o\mu_o} \ . \tag{4}$$

Очевидно, это и есть скорость распространения рассматриваемой продольной волны в воздухе.

Итак, <u>скорость распространения (расширения области существования) электромагнитной энергозависимой продольной волны в воздухе</u> определяется по (5).

Пример 3. При нормальных условиях $n_o = 3 \cdot 10^{25}\, \text{м}^{-3}$, $T = 300\text{K}$, $k = 1.38 \cdot 10^{-23}$, $\mu_o = 4\pi 10^{-7}$

Тогда из (4) находим:

$$d \approx 0.4 \text{м} \backslash \text{сек} \ . \tag{5}$$

В вакууме $n_o = 0$ и область существования волны "схлопывается" в точку. Таким образом, данная волна может существовать только в воздушной среде.

Литература

1. Хмельник С.И. Вариационный принцип экстремума в электромеханических и электродинамических системах. Publisher by "MiC", printed in USA, Lulu Inc., ID 1769875, Израиль, 2008, ISBN 978-0-557-04837-3.

2. Рощин В.В., Годин С.М. Экспериментальное исследование физических эффектов в динамической магнитной системе. Письма в ЖТФ, 2000, том 26, вып. 24. http://www.ioffe.rssi.ru/journals/pjtf/2000/24/p70-75.pdf

3. Еньшин А.В., Илиодоров В.А. Продольные электромагнитные волны – от мифа к реальности. SciTecLibrary.ru, 2005, http://www.sciteclibrary.ru/rus/catalog/pages/8036.html

4. Хмельник С.И., Хмельник М.И. К вопросу об источнике энергии в генераторе Серла. «Доклады независимых авторов», изд. «DNA», Россия-Израиль, 2007, вып. 5, printed in USA, Lulu Inc., ID 859217, ISBN 978-1-4303-2444-7.

5. Хмельник С.И., Хмельник М.И. Энергетические процессы в генераторе Серла. «Доклады независимых авторов», изд. «DNA», Россия-Израиль, 2007, вып. 6, printed in USA, Lulu Inc., ID 1146081, ISBN 978-1-4303-0843-0.

6. S.I. Khmelnik, M.I. Khmelnik. Analysis of Energy Processes in Searle's Generator. «The Papers of Independent Authors», Publisher «DNA», Israel, printed in USA, Lulu Inc., catalogue 2211542, vol. 7, 2008, ISBN 978-1-4357-1643-8.

7. Хмельник С.И., Хмельник М.И. К вопросу о «магнитных стенах» в экспериментах Рощина-Година. «Доклады независимых авторов», изд. «DNA», printed in USA, Lulu Inc., ID 2221873. Россия-Израиль, 2008, вып. 8, ISBN 978-1-4357-1642-1.

8. Хмельник С.И., Мухин И.А., Хмельник М.И. Продольные волны постоянного магнита. «Доклады независимых авторов», изд. «DNA», Россия-Израиль, 2008, вып. 8, printed in USA, Lulu Inc., ID 2221873, ISBN 978-1-4357-1642-1.

9. Хмельник С. И. Продольная электромагнитная волна как следствие интегрирования уравнений Максвелла «Доклады независимых авторов», изд. «DNA», Россия-Израиль, 2009, вып. 11, printed in USA, Lulu Inc., ID 6334835, ISBN 978-0-557-05831-0

10. А.А. Детлаф, Б.М. Яворский, Л.Б. Милковская. Курс физики, т.1, Электричество и магнетизм, издание четвертое, Москва, изд. "Высшая школа", 1977.

11. Исаев С.И., Кожинов И.А. и др. Теория теплообмена. М., «Высшая школа», 1979 г., 495 стр.

12. Яворский Б.М., Пинский А.А. Основы физики. Т.1. Механика. Молекулярная физика. Электродинамика. М.: Физматлит, 2003.

Хмельник С.И.

Структура электромагнитного поля в окрестности электромагнита

Аннотация

Рассматривается стержневой электромагнит с сердечником и дл него формируется система уравнений Максвелла. Показывается, что решением этих уравнений электромагнитное поле, обладающее рядом особенностей - появляются плоское переменное электрическое поле и пространственное переменное магнитное поле, возникает продольная магнитная волна.

Оглавление

Введение

В [1] показано, что в окрестности торца постоянного магнита возникает немонотонное магнитное поле, напряженность которого периодически изменяется вдоль оси магнита. Такое поле можно назвать статической продольной волной. В [3] теоретически показано, что в определенных условиях продольная электромагнитная волна может быть следствием решения уравнений Максвелла. В этой статье показано, что такие условия возникают на торце электромагнита, питаемого переменным током, если магнитная индукция сердечника этого электромагнита изменяется пропорционально намагничивающему току. Таким образом, в окрестности торца такого электромагнита возникает продольная электромагнитная волна.

1. Постановка задачи

Рассмотрим стержневой электромагнит с сердечником – см. рис. 1, где

x, y, z - пространственные координаты

h - длина соленоида,

R - радиус соленоида,

I - ток соленоида,

$j = I/h$ - линейная плотность этого тока.

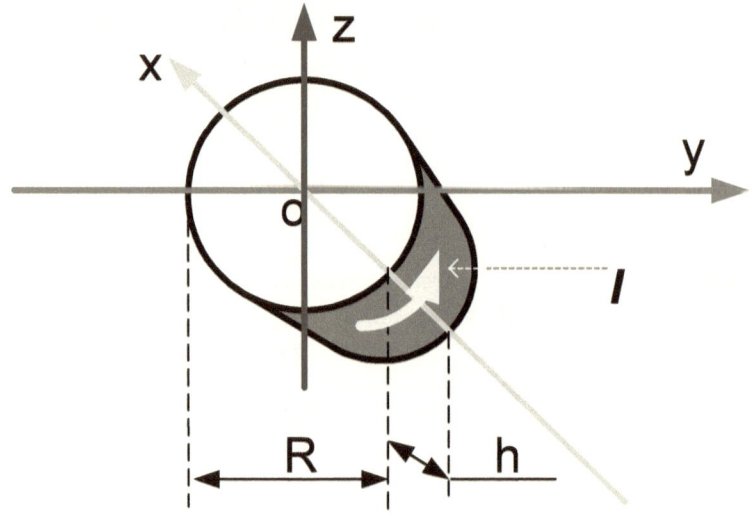

Рис. 1.

Также, как и в [1] для постоянного магнита, торец этого электромагнита можно считать содержащим распределенные магнитные заряды. Функция распределения плотности этих зарядов совпадает с функцией распределения магнитной индукции по торцу. Эта функция может быть определена аналитически в результате расчета магнитного поля соленоида – обмотки электромагнита. В приложении показано, что эта функция при постоянном намагничивающем токе имеет вид

$$\sigma(x, y, z, t) = \sigma_o \operatorname{Chd}(\beta z)\operatorname{Chd}(\beta y)\lambda'(x),\qquad(1)$$

где

σ_o - аплитуда функции распределения плотности магнитных зарядов,

$\lambda'(x)$ - функция Дирака,

β - определенная константа и

$$\text{Chd}(y) = \begin{cases} -\text{Ch}(\beta y), & \text{if } y \in \overline{(-R, R)}, \\ 0, & \text{if } y \notin \overline{(-R, y_o)}. \end{cases} \tag{2}$$

Кроме того, далее будет применена функция вида

$$\text{Shd}(y) = \begin{cases} -\text{Sh}(\beta y), & \text{if } y \in \overline{(-R, R)}, \\ 0, & \text{if } y \notin \overline{(-R, R)}. \end{cases} \tag{3}$$

Здесь Ch, Sh – функции гиперболического косинуса и синуса соответственно. Эти функции связаны очевидными соотношениями вида

$$\text{Shd}(y, y_o) = \frac{d\text{Chd}(y, y_o)}{dy}, \tag{4}$$

$$\text{Chd}(z) = \frac{d\text{Shd}(z)}{dz}. \tag{5}$$

Если намагничивающий ток

$$I(t) \equiv \cos(\omega t), \tag{6}$$

то функция распределения плотности магнитных зарядов (1) принимает вид

$$\sigma(x, y, z, t) = \sigma_o \text{Chd}(\beta z)\text{Chd}(\beta y)\cos(\omega t)\lambda'(x). \tag{7}$$

2. Уравнения Максвелла для электромагнита

Рассмотрим систему, в которой присутствуют изменяющиеся во времени магнитные заряды, распределение плотности которых описывается функцией (1.7). Будем искать решение в виде следующих функций напряженности магнитного поля, напряженности электрического полей и электрического потенциала:

$$E_x(x, y, z, t) = \text{Shd}(\beta z)\text{Shd}(\beta y)\text{Sin}(\omega t)f_{ex}(x), \tag{2}$$

$$E_y(x, y, z, t) = \text{Shd}(\beta z)\text{Chd}(\beta y)\text{Sin}(\omega t)f_{ey}(x), \tag{3}$$

$$E_z(x, y, z, t) = \text{Chd}(\beta z)\text{Shd}(\beta y)\text{Sin}(\omega t)f_{ez}(x), \tag{4}$$

$$H_x(x, y, z, t) = \text{Chd}(\beta z)\text{Chd}(\beta y)\text{Cos}(\omega t)f_{hx}(x), \tag{5}$$

$$H_y(x,y,z,t) = \mathrm{Chd}(\beta z)\mathrm{Shd}(\beta y)\mathrm{Cos}(\omega t)f_{hy}(x), \qquad (6)$$

$$H_z(x,y,z,t) = \mathrm{Shd}(\beta z)\mathrm{Chd}(\beta y)\mathrm{Cos}(\omega t)f_{hz}(x), \qquad (7)$$

$$\varphi(x,y,z,t) = \mathrm{Shd}(\beta z)\mathrm{Shd}(\beta y)\mathrm{Cos}(\omega t)f_\varphi(x), \qquad (8)$$

где E_x - проекция напряженности электрического поля на ось ox и т.п. Необходимо найти функции

$$f_{ex}(x), \ f_{ey}(x), \ f_{ez}(x), \ f_{hx}(x), \ f_{hy}(x), \ f_{hz}(x), \ f_\varphi(x)$$

в зависимости от известных σ_o, β, ω.

Задача для движущихся магнитных зарядов в аналогичной постановке решена в [2]. Подставляя, как [2], функции (1.7, 2-8) в уравнения Максвелла, получаем:

$$\eta f'_\varphi(x) + \beta f_{hz}(x) - \varepsilon\omega f_{ex}(x) - \beta f_{hy}(x) = 0, \qquad (11)$$

$$\eta\beta f_\varphi(x) + f'_{hz}(x) - \varepsilon\omega f_{ey}(x) + \beta f_{hx}(x) = 0, \qquad (12)$$

$$f'_{hy}(x) - \beta f_{hx}(x) + \beta\eta f_\varphi(x) - \varepsilon\omega f_{ez}(x) = 0, \qquad (13)$$

$$-\mu\omega f_{hx}(x) - \beta f_{ey}(x) + \beta f_{ez}(x) = 0, \qquad (14)$$

$$\beta f_{ex}(x) - \mu\omega f_{hy}(x) - f'_{ez}(x) = 0, \qquad (15)$$

$$f'_{ey}(x) - \mu\omega f_{hz}(x) - \beta f_{ex}(x) = 0, \qquad (16)$$

$$-f'_{ex}(x) - \beta f_{ey}(x) - \beta f_{ez}(x) = 0, \qquad (17)$$

$$f'_{hx}(x) + \beta f_{hy}(x) + \beta f_{hz}(x) - \sigma_o\lambda'(x) = 0, \qquad (18)$$

где ε, μ абсолютные электрическая и магнитная проницаемости воздуха. Эта система 8-ми дифференциальных уравнений с 7-ю неизвестными функциями.

$$f_{ex}(x), \ f_{ey}(x), \ f_{ez}(x), \ f_{hx}(x), \ f_{hy}(x), \ f_{hz}(x), \ f_\varphi(x).$$

3. Решение уравнений Максвелла

Обозначим

$$
q = \begin{bmatrix} f_{ex}(x) \\ f_{ey}(x) \\ f_{ez}(x) \\ f_{hx}(x) \\ f_{hy}(x) \\ f_{hz}(x) \\ f_{\varphi}(x) \end{bmatrix}, \quad \frac{dq}{dx} = \begin{bmatrix} \partial f_{ex}(x)/\partial x \\ \partial f_{ey}(x)/\partial x \\ \partial f_{ez}(x)/\partial x \\ \partial f_{hx}(x)/\partial x \\ \partial f_{hy}(x)/\partial x \\ \partial f_{hz}(x)/\partial x \\ \partial f_{\varphi}(x)/\partial x \end{bmatrix}. \tag{1}
$$

Решая систему уравнений (2.11-2.18), как в [2], находим:

$$
q = \begin{bmatrix} f_{ex}(x) = 0 \\ f_{ey}(x) = e_y\big(1 - \cos(\chi x)\big) \\ f_{ez}(x) = e_z\big(-1 + \cos(\chi x)\big) \\ f_{hx}(x) = -\dfrac{\sigma_o}{\mu}\big(\lambda(x) - \cos(\chi x)\big) \\ f_{hy}(x) = h_y \sin(\chi x) \\ f_{hz}(x) = h_z \sin(\chi x) \\ f_{\varphi}(x) = 0 \end{bmatrix}, \tag{2}
$$

$$
\frac{dq}{dx} = \begin{bmatrix} \partial f_{ex}(x)/\partial x = 0 \\ \partial f_{ey}(x)/\partial x = e_y\,\chi\sin(\chi x) \\ \partial f_{ez}(x)/\partial x = -e_z\,\chi\sin(\chi x) \\ \partial f_{hx}(x)/\partial x = -\sigma_o\big(\chi\sin(\chi x) + \lambda'(x)\big) \\ \partial f_{hy}(x)/\partial x = -h_y\,\chi\big(\lambda(x) - \cos(\chi x)\big) \\ \partial f_{hz}(x)/\partial x = -h_z\,\chi\big(\lambda(x) - \cos(\chi x)\big) \\ \partial f_{\varphi}(x)/\partial x = 0 \end{bmatrix}. \tag{3}
$$

В частности, при $x = 0$ имеем:

$$q(x = 0) = 0, \tag{4}$$

$$\frac{dq}{dx}(x = 0) = \begin{bmatrix} \partial f_{ex}(x)/\partial x = 0 \\ \partial f_{ey}(x)/\partial x = 0 \\ \partial f_{ez}(x)/\partial x = 0 \\ \partial f_{hx}(x)/\partial x = -\sigma_o \lambda'(0) \\ \partial f_{hy}(x)/\partial x = 0 \\ \partial f_{hz}(x)/\partial x = 0 \\ \partial f_{\varphi}(x)/\partial x = 0 \end{bmatrix}. \tag{5}$$

Далее, как в [2], находим:

$$h_x = -\sigma_o/\mu, \tag{6}$$

$$\chi = \sqrt{2\beta^2 - \varepsilon\mu\omega^2}, \tag{7}$$

$$h_y = h_x \chi/2\beta, \tag{8}$$

$$h_z = h_x \chi/2\beta, \tag{9}$$

$$e_y = h_x \mu\omega/2\beta, \tag{10}$$

$$e_z = h_x \mu\omega/2\beta. \tag{11}$$

Таким образом, показано, что функции (2.11-2.18) удовлетворяют уравнениям Максвелла, где функции

$$f_{ex}(x), \ f_{ey}(x), \ f_{ez}(x), \ f_{hx}(x), \ f_{hy}(x), \ f_{hz}(x), \ f_{\varphi}(x)$$

имеют вид (2, 3), а параметры

$$\chi, \ h_x, \ h_y, \ h_z, \ e_x, \ e_y, \ e_z, \ \varphi_{\varphi}$$

этих функций определяются по известным σ_o, β, ω.

Запишем найденные таким образом функции напряженностей электромагнитного поля при $x > 0$:

$$E_x(x,y,z,t) = 0, \tag{12}$$

$$E_y(x,y,z,t) = e_y \text{Shd}(\beta z)\text{Chd}(\beta y)\text{Sin}(\omega t)(1 - \cos(\chi x)), \tag{13}$$

$$E_z(x,y,z,t) = e_z \text{Chd}(\beta z)\text{Shd}(\beta y)\text{Sin}(\omega t)(\cos(\chi x) - 1), \tag{14}$$

$$H_x(x,y,z,t) = h_x \text{Chd}(\beta z)\text{Chd}(\beta y)\text{Cos}(\omega t)(1 - \cos(\chi x)), \quad (15)$$

$$H_y(x,y,z,t) = h_y \text{Chd}(\beta z)\text{Shd}(\beta y)\text{Cos}(\omega t)\sin(\chi x), \quad (16)$$

$$H_z(x,y,z,t) = h_z \text{Chd}(\beta z)\text{Chd}(\beta y)\text{Cos}(\omega t)\sin(\chi x). \quad (17)$$

4. Потенциалы

Выше показано, что электрический потенциал

$$\varphi(x,y,z,t) = 0. \quad (1)$$

Это вызывает удивление, поскольку существует напряженность электрического поля. Поэтому докажем (1) другим способом. Работа сил (3.13, 3.14) по перемещению единичного заряда по лиии L в плоскости *yoz* из точки *(0,0)* в точку *(Y,Z)*

$$A = \oint_L \left(E_y(x,y,z,t)dy + E_z(x,y,z,t)dz \right) \quad (4)$$

или, в силу потенциальности этих сил,

$$A = A_y + A_z, \quad (5)$$

где

$$A_y = \int_0^Y \left(e_y(x,y,z,t)dy \right), \quad (6)$$

$$A_z = \int_0^Z \left(e_z(x,y,z,t)dz \right). \quad (7)$$

Подставляя (3.13, 3.14) в (6, 7), находим:

$$A_y = \int_0^Y e_y(x,y,z,t)dy =$$

$$e_y\text{Shd}(\beta z)\text{Sin}(\omega t)(1 - \cos(\chi x)) \int_0^Y \text{Chd}(\beta y)dy = \quad (8)$$

$$\frac{e_y}{\beta}\text{Shp}(\beta z)\text{Sin}(\omega t)(1 - \cos(\chi x))\text{Shd}(\beta Y)$$

$$A_z = \int_0^Z e_z(x,y,z,t)dy =$$

$$-e_z \mathrm{Shp}(\beta y)\mathrm{Sin}(\omega t)(1 - \cos(\chi x))\int_0^Z \mathrm{Chd}(\beta z)dz = \qquad (9)$$

$$\frac{-e_z}{\beta}\mathrm{Shp}(\beta y)\mathrm{Sin}(\omega t)(1 - \cos(\chi x))\mathrm{Shd}(\beta Z)$$

Из (8, 9, 5, 3.10, 3.11) следует, что

$$A = 0. \qquad (10)$$

Поскольку это равенство справедливо для любой точки *(Y,Z)*, то разность потенциалов между двумя произвольными точками равна нулю, что и требовалось показать. Таким образом, любая <u>плоскость yoz</u> является <u>эквипотенциальной поверхностью</u>.

Приложение. Индукция на торце электромагнита.

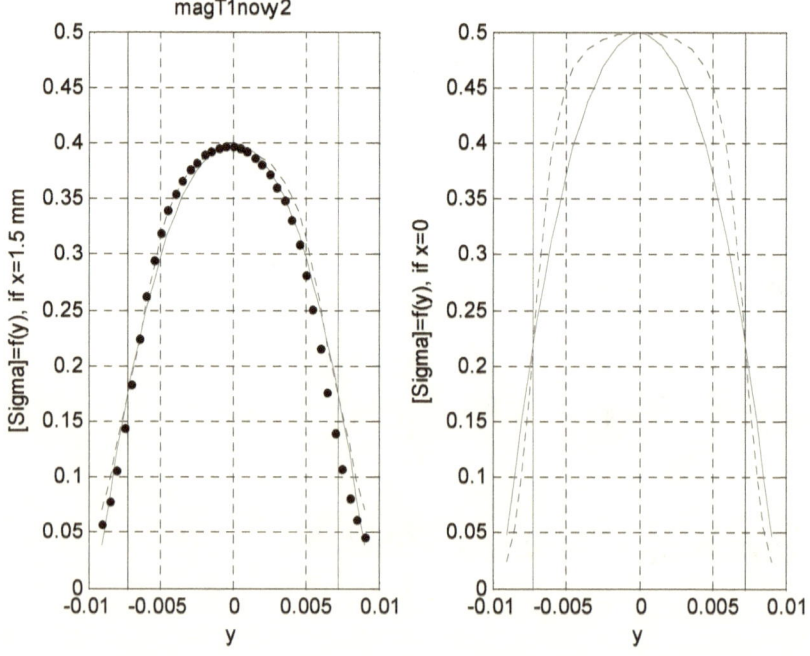

Рис. 1

В [1] описан эксперимент по измерению и расчету магнитного поля постоянного магнита. Здесь мы приведем некоторые результаты этого эксперимента и их интепретацию. Итак, рассматривается постоянный магнит со следующими характеристиками: магнит "неодим-железо-бор" цилиндрической формы, с остаточной индукцией 1.1 Тл, диаметром 14.5 мм и высотой 20 мм.

На рис. 1 в левом окне показаны результаты измерения и расчета магнитной индукции вдоль диаметра торца магнита на расстоянии 1.5 мм от поверхности торца. При этом

- o вертикали указывают границы магнита,
- o точечная кривая кривая - измеренная функция,
- o пунктирная кривая - расчетная функкция,
- o сплошная кривая - аппроксимирующая функция вида

$$\mathrm{B}_1(y) = b_1 \cdot \left(2 - \mathrm{Ch}(\beta y)\right), \qquad (1)$$

где $B = 0.4\text{Тл}$, $\beta = 140$.

На рис. 1 в правом окне показаны результаты измерения и расчет магнитной индукции вдоль диаметра торца магнита непосредственно на торце магнита. При этом

- o вертикали указывают границы магнита,
- o пунктирная кривая - расчетная функкция
- o сплошная кривая - аппроксимирующая функция вида

$$\mathrm{B}_o(y) = b_o \cdot \left(2 - \mathrm{Ch}(\beta y)\right), \qquad (2)$$

где $B = 0.5\text{Тл}$, $\beta = 140$.

Таким образом, можно полагать, что функция распределения индукции $\mathrm{B}_o(y)$, а, следовательно, и функция распределения магнитного заряда $\sigma(y)$ вдоль диаметра торца постоянного магнита описывается функцией (2), что и использовано выше.

Выводы

Анализируя полученное решение можно заметить, что электормагнит с сердечником формирует электромагнитное поле со следующими особенностями:

- • проекция электрической напряженности на ось ox равна нулю,
- • появляется плоское (без указанной составляющей) переменное электрическое поле
- • электрический потенциал равен нулю,

- появляется пространственное переменное магнитное поле,

- вдоль оси *ox* возникает продольная магнитная волна (поскольку проекция магнитной напряженности на ось *ox* зависит от координаты *x*),

- длина продольной магнитной волны и амплитуды напряженностей электромагнитного поля определяются характеристиками электромагнита.

Литература

1. Хмельник С.И., Мухин И.А., Хмельник М.И. Продольные волны постоянного магнита. «Доклады независимых авторов», изд. «DNA», Россия-Израиль, 2008, вып. 8, printed in USA, Lulu Inc., ID 2221873, ISBN 978-1-4357-1642-1

2. А.А. Детлаф, Б.М. Яворский, Л.Б. Милковская. Курс физики, т.1, Электричество и магнетизм, издание четвертое, Москва, изд. "Высшая школа", 1977.

3. Хмельник С.И. Продольная электромагнитная волна как следствие интегрирования уравнений Максвелла. «Доклады независимых авторов», изд. «DNA», Россия-Израиль, 2009, вып. 11, printed in USA, Lulu Inc., ID 6334835, ISBN 978-0-557-05831-0

Серия: ЭНЕРГЕТИКА

Линевич Э.И.

Применение центробежной силы
в качестве источника мощности

Аннотация

Статья посвящена способу преобразования механических колебаний в полезную мощность. Описаны эксперименты с вращением неуравновешенных тел. Показана возможность создания двигателя, в котором источником мощности служит центробежный вибратор. При этом воздействие нагрузки на привод вибратора практически отсутствует. Приведены данные по тестированию опытного образца. Материал иллюстрирован схемами, фотографиями, графиками.

Вибрация механизмов, хорошо известное и широко распространённое явление. В общем случае вибрация представляет собой циклическое изменение движения тела во времени и в пространстве. В зависимости от конструктивных особенностей механического устройства она может быть линейной, плоской или объёмной. При линейной вибрации знакопеременное движение тела происходит по прямой линии. При плоской вибрации тело совершает циклическое движение в двух координатах в одной плоскости. При этом траекторией движения в простом случае является окружность или эллипс. Самой сложной вибрацией является объёмная (трёхмерная). В частном случае траекторию объёмного движения твёрдого тела можно представить в виде замкнутой трёхмерной линии. В устройствах для получения механических колебаний чаще всего используют вращение неуравновешенного тела. При этом считается, что мощность и энергия вибрации непрерывно отбираются приводом вращения из источника энергоснабжения. Однако на практике наблюдаются случаи несоответствия этому представлению. В качестве доказательств мы предлагаем факты из нашего инженерного опыта и некоторые аналогичные материалы других авторов.

Причиной, заставившей начать самостоятельное исследование вибрации, послужил следующий случай. Некоторое время автор работал главным энергетиком тепличного комбината. С вибрацией различных механизмов приходилось иметь дело многократно. Однажды понадобилось ремонтировать моноблочный насосный агрегат. Мощность его электродвигателя была 11 кВт, скорость вращения 2900 об/мин, масса 176 кг. Моноблок был закреплён болтами на стальной раме, вмурованной в железобетонную плиту массой примерно в одну тонну. Плита свободно лежала на стальном листе, на полу.

Насос отсоединили от трубопровода и включили двигатель на короткое время. При этом железобетонная плита с агрегатом начала двигаться в одну сторону.

Когда ослабили крепление к раме, то обнаружилась сильная вибрация агрегата.

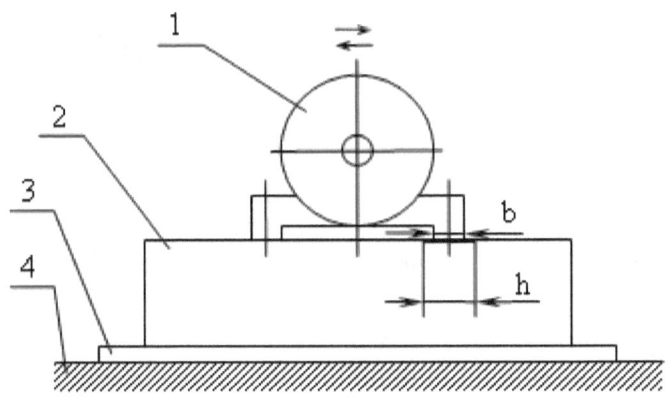

Рис. 1

Схема крепления насосного агрегата.

1 – насосный агрегат, 2 – железобетонная плита,
3 – стальной лист, 4 – бетонный пол, b – ширина лапы
агрегата, h – ширина отпечатка. Амплитуда вибрации:
$$R = (h - b)/2$$

В данном случае удивила не движущаяся плита, а другое. Электрические замеры показали, что потребляемая агрегатом из сети мощность в нештатном режиме была такой же величины, как и в штатном. При этом оказалось возможным рассчитать мощность вибрации по реальным параметрам. Оценка амплитудного значения мощности Р выполнялась по следующему соотношению:

$$P = F \cdot V = (m \cdot V^2)V/R = m \cdot \omega^3 \cdot R^2,$$

где

F – центробежная сила, Н;   V – линейная скорость вибрации, м/с;

m – масса агрегата, кг;

ω – угловая частота вращения ротора электродвигателя, c^{-1};

R – амплитуда вибрации, м (половина отпечатка колебания лап агрегата – примерно 3 мм).

Подстановка   цифровых значений даёт следующий результат

$$P = 176 \ (2\pi \cdot 2900/60)^3 \cdot 0,003^2 \approx 44 \ \text{кВт}.$$

Амплитудная мощность вибрации в четыре раза превышает мощность электродвигателя, который её создаёт, а потребление энергии из сети, как уже говорилось, при этом соответствовало номинальной мощности. С одной стороны, численное несоответствие получилось слишком большим, чтобы его можно было списать на неточность расчёта. С другой стороны – любое, сколь угодно малое, превышение мощности нагрузки должно увеличивать потребление энергии из сети. В описываемом случае, по каким-то причинам классическое применение закона сохранения энергии не работало. Этот вопрос нас заинтересовал. Поиск ответа в известных источниках информации ничего существенного не дал. Поэтому самостоятельно была выполнена серия экспериментов с различными, специально сделанными для этого, вибраторами. Часть этих экспериментов с полученными результатами показаны ниже.

Большинство экспериментов выполнялись с использованием микроэлектродвигателя: ДП1-26ЦР-2К. Это коллекторный двигатель постоянного тока с рабочим напряжением 26 В и током 0,3 А при номинальной скорости ротора 8500 об/мин. Его масса составляет 65 г. На оси ротора пайкой был закреплён дебаланс массой 6 г. Его центр масс располагался на расстоянии 12 мм от оси двигателя. Чтобы можно было контролировать влияние вибрации на потребление тока от источника (выпрямитель), последовательно с ним и обмоткой двигателя был постоянно включён амперметр. Мощность выпрямителя равнялась 300 Вт, поэтому частый контроль напряжения не требовался.

В процессе первого эксперимента двигатель с дебалансом (фото 1) свободно подвешивался на гибкой нити, в качестве которой использовался шнур питания.

После включения электропитания возникала сильная вибрация устройства. При этом потребляемый ток составил 0,3 А.

Практически такую же величину тока двигатель потреблял и при включении без дебаланса.

Во втором эксперименте устройство зажимали неподвижно в слесарных тисках - см. фото 2.

Фото 1 (Сентябрь 2007г.)

Фото 2 (Сентябрь 2007г.)

При включении электропитания амперметр показывал прежнюю величину потребляемого тока – 0,3 А.

Далее эксперимент видоизменялся. К корпусу устройства, свободно подвешенному и вибрирующему, прикасались предметом или рукой. Амперметр немедленно показывал увеличение потребляемого тока, причём – в несколько раз. Держать руками работающее устройство, чтобы оно было полностью неподвижным, оказалось невозможно. При этом максимальное значение потребляемого тока составило 0,9 А.

В следующем эксперименте у электродвигателя полностью заклинили ротор и кратковременно включили электропитание. Амперметр показал потребляемый ток величиной 1,2 А.

Таким образом, свободно вибрирующее устройство или зажатое неподвижно в тисках, потребляло от источника одинаковую мощность, равную номинальной мощности электродвигателя. Частичное механическое противодействие вибрации, путём удержания устройства за корпус, значительно увеличивало потребляемую мощность от источника. Это означало, что ротор электродвигателя каким-то образом тормозится внешней силой.

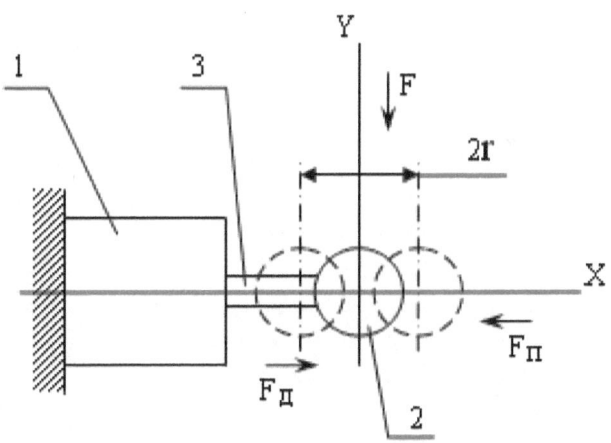

Рис. 2

Схема линейного вибратора.

1 – электромагнит, 2 – колеблющаяся масса, 3 – шток.
Стрелками показаны: $F_д$ – направление действующей электромагнитной силы, $F_п$ – направление противодействующей силы, F – направление перпендикулярной силы, r – амплитуда вибрации.

Для объяснения указанного феномена, сначала рассмотрим схему механизма с линейной вибрацией. Для пояснений используем рис.2, на котором изображён неподвижный электромагнит 1, с подвижным штоком 3, на котором закреплена масса 2.

Подача в обмотку электромагнита 1 переменного тока приводит к возникновению линейной вибрации массы 2 с амплитудным размахом 2r. Будем полагать, что трение между штоком 3 и корпусом электромагнита 1 отсутствует. Приложим к массе 2 внешнюю силу $F_П$. Сила $F_П$ всегда направлена против действующей электромагнитной силы $F_Д$, поэтому для её преодоления электромагнит 1 увеличивает потребляемую мощность. Этим самым, электромагнит 1 демонстрирует общеизвестный факт, присущий всем без исключения электроприводам, в которых выполняются законы Ньютона.

Однако следует заметить, что если к массе 2 приложить силу F, направленную перпендикулярно колебанию, то обнаружится, что электромагнит не увеличивает потребляемую мощность (по условию, трение отсутствует). Это означает, что сила F не имеет составляющей, направленной противоположно силе $F_Д$.

Рассмотрим эквивалентную схему плоской вибрации в свободном пространстве, изображенную на рис.3 и рис.4.

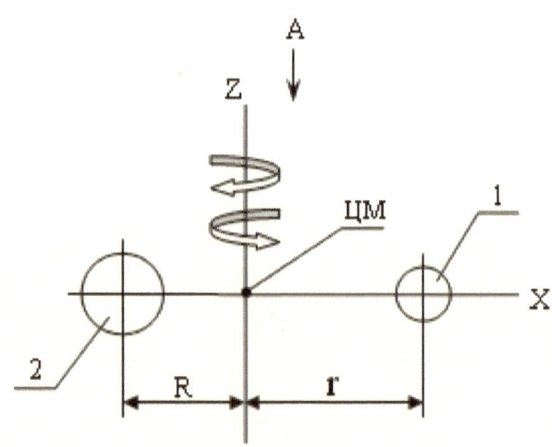

Рис. 3
Схема плоской вибрации.
1 – масса дебаланса, 2 – остальная масса устройства.
Круговые стрелки – направление вращения, R – радиус
вращения массы 2, **r** – радиус вращения дебаланса,
ЦМ – центр масс системы

На рис.4 показан момент времени, когда вращение масс 1 и 2 относительно центра масс системы (ЦМ) происходит против часовой стрелки.

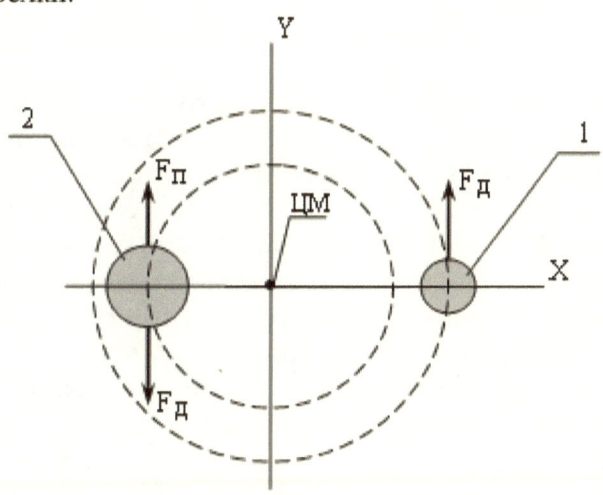

Рис. 4
Вид на рис.3 по стрелке А.

Здесь электродинамическая сила $F_Д$ через ось ротора двигателя приложена к массе 1 дебаланса. По третьему закону Ньютона, такая же сила в противоположном направлении приложена к остальной массе 2 устройства. В результате, массы 1 и 2 вращаются вокруг оси динамического равновесия, проходящей через центр масс системы. В данном случае – это ось Z. Динамические радиусы вращения масс 1 и 2 равны, соответственно, r и R, а силы $F_Д$ приложены к этим массам тангенциально траекториям вращений.

Если движение устройства частично ограничено сторонним телом (например, рукой), значит к корпусу приложена дополнительная противодействующая сила $F_П$ (см. рис.4). Она действует тангенциально, навстречу силе $F_Д$, создавая момент сопротивления Мс = $F_П$ · R, поэтому масса 2 будет тормозиться. Масса 2 динамически взаимодействует с массой 1, отсюда следует, что последняя тоже будет тормозиться моментом Мс. Но масса 1 принадлежит дебалансу, который закреплён на оси ротора двигателя, значит в итоге, будет тормозиться и ротор. При смене направления вращения масс 1 и 2 одновременно изменится на противоположное направление силы $F_Д$, но при этом изменится на противоположное и направление силы $F_П$, поэтому ротор электродвигателя по-прежнему будет тормозиться. В результате, потребляемая двигателем мощность увеличивается.

В том случае, когда корпус устройства закреплён неподвижно - соединён с земным шаром (см. фото 2), геометрическая ось вращения ротора тоже закреплена с земным шаром. Поэтому к массе 2 добавляется масса Земли, откуда следует, что динамическая ось вращения Z при этом совпадает с геометрической осью вращения дебаланса 1, а динамический радиус вращения R становится равным нулю (R = 0). В этом случае, независимо от величины силы F_Π , момент сопротивления тоже равен нулю: Мс = $F_\Pi \cdot R = 0$, а дебаланс 1 и ротор электродвигателя не испытывают дополнительного противодействия, поэтому потребляемая электродвигателем мощность остаётся неизменной.

Известно, что механическую энергию можно накапливать путём раскручивания массивного ротора или маховика до заданной скорости. Если при этом выполнить подвеску ротора с низкими потерями на трение, то можно использовать для его разгона даже маломощный двигатель, но с большой частотой вращения и тем самым, накопить значительную энергию.

С физической точки зрения, для аккумулирования энергии вращением тела, не имеет значения симметричная его форма, как у цилиндрического ротора или несимметричная, как у дебаланса. Рассмотренный выше пример вибрации насосного агрегата демонстрирует практическую возможность накопления энергии и мощности вращением неуравновешенного тела до величин, которые могут превышать мощность и энергию, затраченные возбудителем вибрации (электродвигателем).

Автору удалось найти способ выполнения полезной работы посредством центробежной силы [1, 2]. С помощью партнёров было создано устройство, в котором совмещены две функции: аккумулирование мощности и энергии неуравновешенным телом; преобразование и передача накопленной энергии и мощности рабочему органу.

На рис.5 изображён центробежный накопитель энергии и мощности, выполненный с использованием дебалансов.

На рис.6 – эквивалентная схема устройства (второй дебаланс условно не показан).

На рис.7 – вид по стрелке Б на рис. 6.

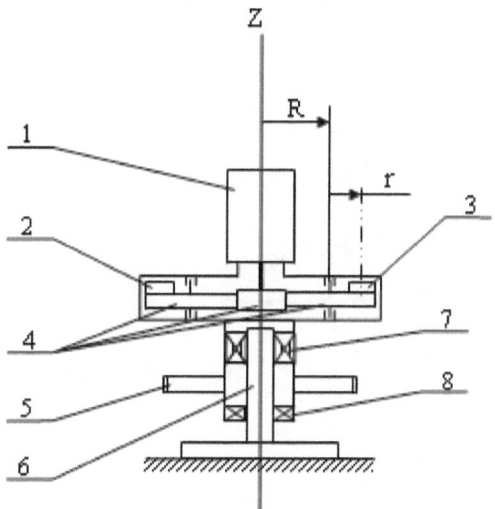

Рис. 5
Центробежный накопитель энергии и мощности.
1 – электродвигатель, 2 и 3 – дебалансы, 4 – шестерни,
5 – зубчатое колесо, 6 – неподвижная ось, 7 – обгонная муфта,

8 – подшипник, r – радиус вращения центра масс дебаланса,
R – расстояние от оси Z до оси вращения дебаланса.

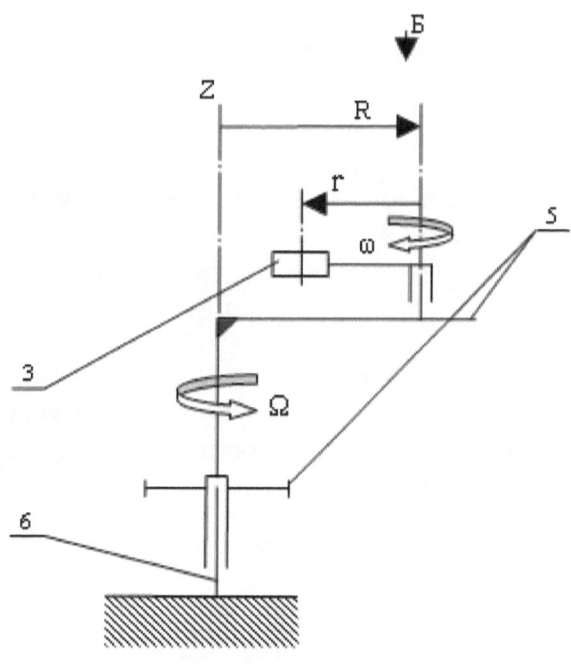

Рис. 6
Эквивалентная схема устройства

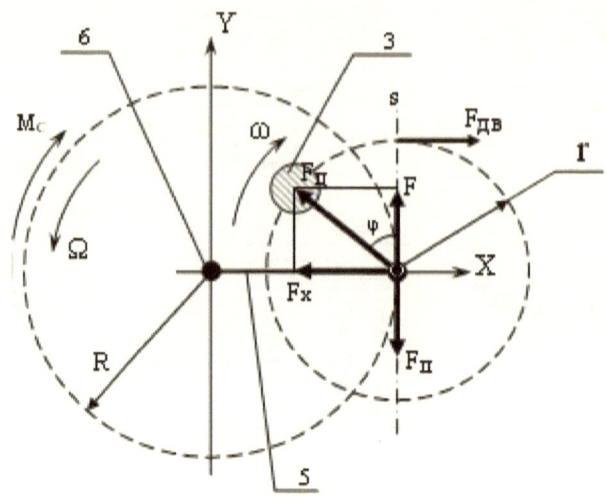

Рис. 7

Вид на рис.6 по стрелке Б.

$M_c = F_п \cdot R$ – момент сопротивления нагрузки, $F_ц$ – вектор центробежной силы.

Ω и ω – мгновенные направления вращений, соответственно, колеса S и дебаланса 3. s – прямая линия, касательная к траектории радиусом R.

$\varphi = \omega t$ – мгновенный угол между вектором $F_ц$ и линией S.

Электродвигатель 1 через редуктор, выполненный на шестернях 4, раскручивает дебалансы 2 и 3 до заданной величины скорости. Под действием центробежных сил корпус устройства, на котором закреплено колесо 5, совершает крутильные колебания вокруг оси Z, частота которых равна частоте вращения дебалансов. В устройстве, шестерни 4 предназначены, в том числе, для механической синхронизации и симметрии вращения дебалансов 2 и 3, с целью динамической компенсации поперечных нагрузок на ось Z. Корпус устройства установлен на оси 6. В данном варианте корпус соединён с осью 6 через обгонную муфту 7. Ось 6 закреплена неподвижно, поэтому муфта 7 позволяет корпусу поворачиваться только в одну сторону. Для съёма полезной мощности используется зубчатое колесо 5.

На фото3 показан действующий образец.

Фото 3 (март 2008г.)

В результате вращения двигателем 1 дебаланса 3, создаётся центробежная сила величиной $F_Ц = m \cdot \omega^2 \, r$. Её радиальная составляющая F_X на работу устройства не влияет, потому что уравновешена такой же силой, создаваемой симметрично расположенным вторым дебалансом. Мгновенное значение, тангенциальной (к траектории радиусом R) и одновременно радиальной – к траектории радиусом r, составляющей центробежной силы $F_Ц$ – есть сила F, которая приложена вдоль линии s, к оси дебаланса, а от неё – к корпусу устройства и равна

$$F = 2m \cdot \omega^2 \, r \cdot \cos\omega t , \qquad (1)$$

мгновенное значение радиальной скорости дебаланса (вдоль r и S) равно

$$V = \omega \cdot r \cdot \cos\omega t , \qquad (2)$$

где m – масса дебаланса, ω – угловая частота вращения дебаланса, r – радиус вращения центра масс дебаланса, t – время. Цифра 2 указывает общее количество дебалансов. При этом угловая скорость вращения Ω вокруг оси Z значительно меньше ω, Ω « ω, поэтому мы её не учитываем.

Момент, создаваемый силой F относительно оси Z (действующий момент) равен

$$M = F \cdot R , \qquad (3)$$

где R – расстояние от оси Z до оси вращения дебаланса.

Предположим, что зубчатое колесо 5 соединено с ведомым механизмом. В этом случае на колесо 5 действует момент сопротивления нагрузки

$$M_C = F_П \cdot R,$$

где $F_П$ – противодействующая сила (сила сопротивления), создаваемая нагрузкой. Момент M_C направлен против действующего момента M, который создаёт центробежная сила F. Это значит, что полезную работу устройство производит за счёт центробежной силы F. Обе силы, F и $F_П$ в любой момент времени одновременно приложены тангенциально к траектории радиусом R и к оси, на которой вращается дебаланс 3, действуя противоположно друг другу вдоль одной и той же мгновенной касательной линии s (см. рис.7). При этом одновременно в любой момент времени, строго перпендикулярно к прямой линии s, действует сила, приложенная от двигателя 1 к дебалансу 3 и заставляющая его вращаться с частотой ω:

$$F_{ДВ} = M_{ДВ} \cdot \mu \, /r$$

где $M_{ДВ}$ – крутящий момент на валу двигателя 1, μ – коэффициент передачи шестерен 4.

Таким образом, в течение всего времени работы устройства, противодействующая сила $F_П$ и сила $F_{ДВ}$ всегда взаимно перпендикулярны друг к другу. По отношению к этим силам третий закон Ньютона не работает, поэтому сопротивление нагрузки не противодействует вращению ротора электродвигателя 1. Это свойство машины не зависит ни от скорости, ни от направления вращений дебалансов 2, 3 и колеса 5.

Фото 4 (сентябрь 2007г.). Модель для демонстрации возможности работы центробежного привода в безопорной среде. Вращение колеса или (и) корпуса вибратора происходит за счёт разной величины их моментов инерции.

В подшипнике потери на трение зависят от радиальной нагрузки. Торможение вращения колеса 5 приводит к увеличению давления на оси дебалансов с подшипниками, поэтому должна увеличиваться и нагрузка на электродвигатель. Однако на практике это увеличение незначительно и оно тем меньше, чем выше качество подшипников и зубчатой передачи, поэтому им можно пренебречь. Например, в устройстве на фото 4 , электродвигатель потреблял ток 2,7А. При остановке звёздочки потребление тока возрастало до величины 2,9А. Если останавливали непосредственно ротор электродвигателя – потребляемый ток увеличивался до 7А. В эксперименте с устройством на фото 5, рабочий ток составлял 9,5А (на пониженной мощности электродвигателя).

Фото 5 (Январь 2009г.) Модель привода для вращения ротора электрогенератора без использования промежуточного редуктора. Центробежный привод слева – улучшенный вариант образца на фото 3 (Австрия).

Остановка звёздочки увеличивало потребление тока до 10 – 10,5А. Если же останавливали непосредственно ротор электродвигателя – потребляемый ток возрастал до величины 36А.

На рис. 8 показана энергетическая диаграмма работы обычного электродвигателя, ротор которого набирает максимальную скорость за один оборот.

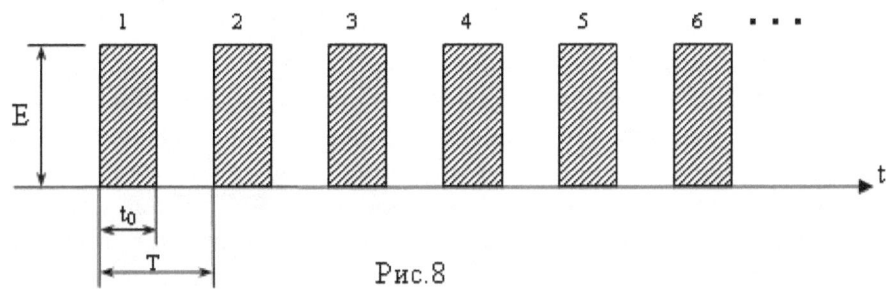

Рис.8

Энергетическая диаграмма работы обычного электродвигателя
E – энергия, t – время, T – период (длительность оборота ротора),
t_0 – продолжительность потребления энергии от источника в течении
периода T; 1, 2, 3, 4, … - количество оборотов ротора.

В течеие одного оборота ротора затрачивается энергия E на полезную работу и работу по преодолению трения в промежуточных узлах и нагрев. Вся энергия E берётся от источника питания, поэтому численное значение потребляемой мощности P будет одинаковым за любой промежуток времени: за один период P $= E/t_0$ или

$$P = (E_1 + E_2 + E_3 + E_4 …)/(t_0 + t_0 + t_0 + t_0 …).$$

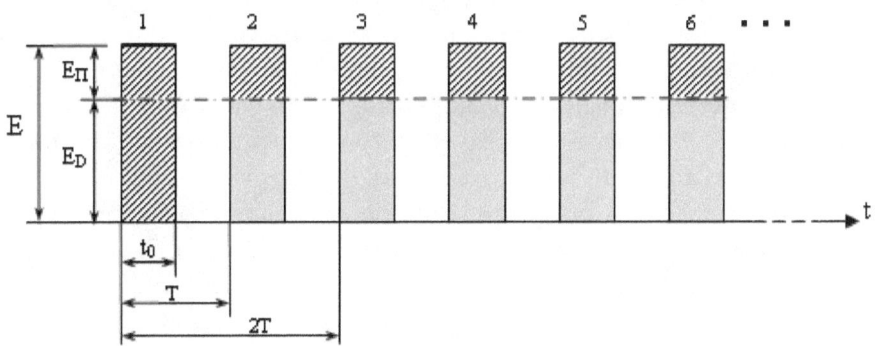

Рис.9

Энергетическая диаграмма работы привода (однополупериодного)
E – полная энергия привода, $E_П$ – энергия, затрачиваемая на преодоление трения в подшипниках, зубчатой передаче и нагрев, E_D – энергия вращения дебаланса, t – время, T – период (длительность оборота дебаланса), $t_0 = T/2$.   1, 2, 3, 4, … - количество оборотов дебаланса (импульсов энергии).

На рис.9 показана энергетическая диаграмма работы центробежного привода (однополупериодного).

Работа машины отличается тем, что дебаланс берёт энергию от источника (аккумулирует) только в первом (с момента старта) обороте, поэтому весь импульс №1 выделен штриховкой. Начиная со второго оборота и всех последующих (импульсы энергии №2, №3, 4 ...), дебаланс не тормозится под действием нагрузки, приложенной к колесу 5 (звёздочке). Он сохраняет энергию, накопленную в первом обороте, неизменной, но одновременно совершает полезную работу E_D, за счёт центробежной силы изменяющей направление (дебаланс 3 раскачивает звёздочку 5). E_D – величина дополнительной энергии, производимой машиной, которая не отбирается у электромотора и не отбирается от источника питания. Это энергия центробежных сил (инерции) дебалансов, приложенная к звёздочке.

Полная энергия E машины в импульсе, начиная со второго оборота и всех последующих равна: $E = E_D + E_П$. Энергия $E_П$ – это энергия, которая потребляется электромотором от источника. Импульсная мощность P на звёздочке равна: $P = E_D/t_0$, где t_0 – длительность времени, в течение которого мощность изменяется от нуля до максимума.

$t_0 = T/4$,

где T – период колебания звёздочки (сек). Отсюда $t_0 = 1/4f$, где f – частота колебаний (гц), а импульсная мощность $P = E_D \cdot 4f$.

Кинетическую энергию дебалансы получают из сети только в течение времени разгона (ускорения) до номинальной скорости вращения. В установившемся режиме номинальная мощность электродвигателя 1 привода дебалансов затрачивается только на преодоление трения в опорах вращения и в зубчатой передаче.

Таким образом, к ведущему колесу 5 (см. рис.5) приложена мощность, накопленная дебалансами 2 и 3 за счёт скорости вращения.

Мгновенное значение мощности, накопленной дебалансами, численно равна

$P = n \cdot m \cdot \omega^3 r^2 \cdot (\cos\omega t)^2$, (4)

где n – общее количество дебалансов (имеется ввиду, что все дебалансы одинаковые), m – масса одного дебаланса, остальные обозначения показаны выше.

Эта мощность может быть использована для привода различных механизмов.

Центробежная сила является силой инерции. Сила инерции возникает всегда, когда изменяют скорость движения тела. Во время вращения тела она всегда численно равна центростремительной силе и противоположна последней. Мы считаем, что источником силы инерции и энергии является окружающее пространство. Другими словами, силы инерции – это динамическая реакция пространства на изменение скорости тел [6, 7]. Силы инерции для механической системы являются внешними силами.   Аналогичное представление о силах инерции содержится, в частности,   в работах [32, 33] и [35].

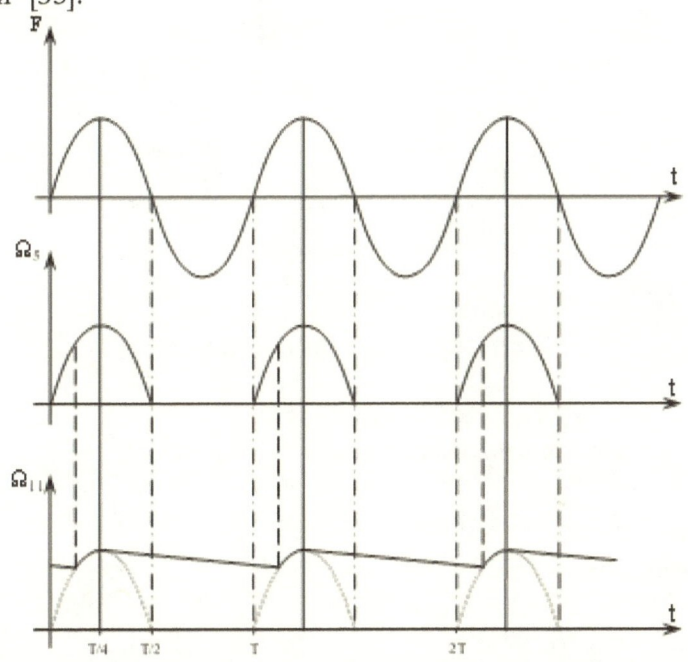

Рис. 10. Графики, поясняющие работу электростанции на рис. 11.
F – центробежная сила, Ω_5 – угловая скорость зубчатого колеса 5,
Ω_{11} – угловая скорость ротора электрогенератора 10,
T – период вращения дебалансов.

В   качестве   примера,   на   рис.11   показана   схема электростанции, а на рис.10 изображены иллюстрирующие её работу графики.

На схеме ведущее колесо 5 через редуктор (мультипликатор) и вторую обгонную муфту 9 соединено с ведомым валом 11, на котором выполнен ротор электрогенератора 10.   Применение муфты 9 позволяет сгладить пульсации скорости ротора, уменьшить динамические нагрузки в кинематической цепи от колеса 5 к валу 11 и увеличить среднюю мощность на валу генератора.

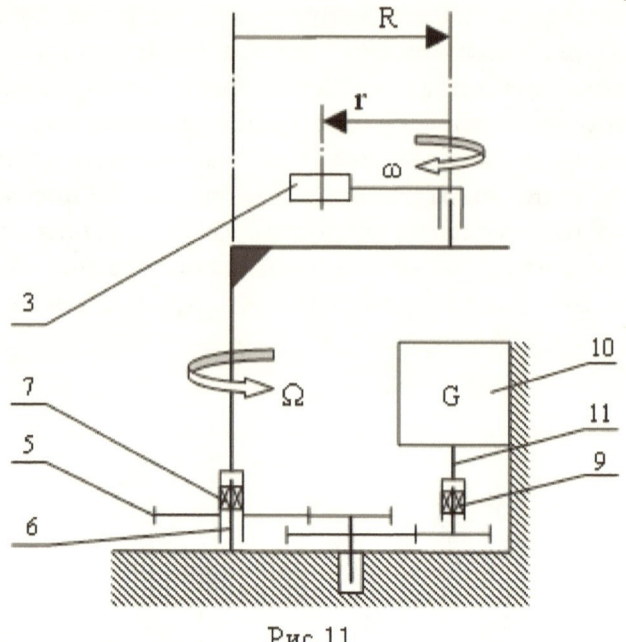

Рис.11

Схема привода электрогенератора.
7 и 9 – обгонные муфты, 10 – электрогенератор,
11 – вал ротора. Электродвигатель привода и
другие дебалансы условно не показаны.

Вид графиков на рис.10 аналогичен графикам для описания работы однополупериодного выпрямителя переменного тока. Поэтому схему на рис.5 можно назвать однополупериодным центробежным приводом. По аналогии с электротехникой возможен двухполупериодный центробежный привод. На рис.12 показана его схема.

На ней центробежный вибратор 1 соединён с осью 5 и вместе с ней совершает крутильные колебания с заданной частотой. На оси 5 установлены шестерни 2 и 3, которые соединены с ней через обгонные муфты, соответственно, 4 и 7. Вибратор 1 вместе с осью 5 установлены с возможностью вращения на неподвижной оси 6. Муфты 4 и 7 выполнены с противоположным направлением свободного хода. Шестерни 2 и 3 передают крутящий момент торцовой шестерне 8, которая соединена с маховиком 9. Последний имеет выходной вал 10, предназначенный для передачи непрерывного вращения различным механизмам. Графики на рис.13 поясняют работу устройства.

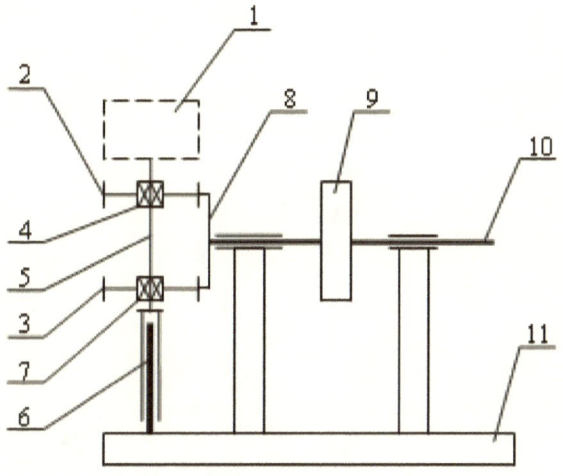

Рис. 12
Двухполупериодный центробежный привод.
1 – центробежный вибратор, 2 – шестерня, 3 – шестерня,
4 – обгонная муфта, 5 – подвижная ось, 6 – неподвижная ось,
7 – обгонная муфта, 8 – шестерня, 9 – маховик,
10 – ведущий вал, 11 - основание.

На фото 3 – 6 и 10   показаны действующие образцы приводов разной мощности. Конструкции на фото 3 – 5 и 10, выполнены по схеме на рис.5. В качестве ведущего звена используется зубчатое колесо.

На фото 4 показана модель для демонстрации возможности работы центробежного привода в безопорной среде. Вращение колеса или (и) корпуса вибратора происходит за счёт разной величины их моментов инерции.

На фото 5 показана модель привода для вращения ротора электрогенератора без использования промежуточного редуктора. На фото 6 показана модель привода с прямым преобразованием центробежной вибрации в электричество.

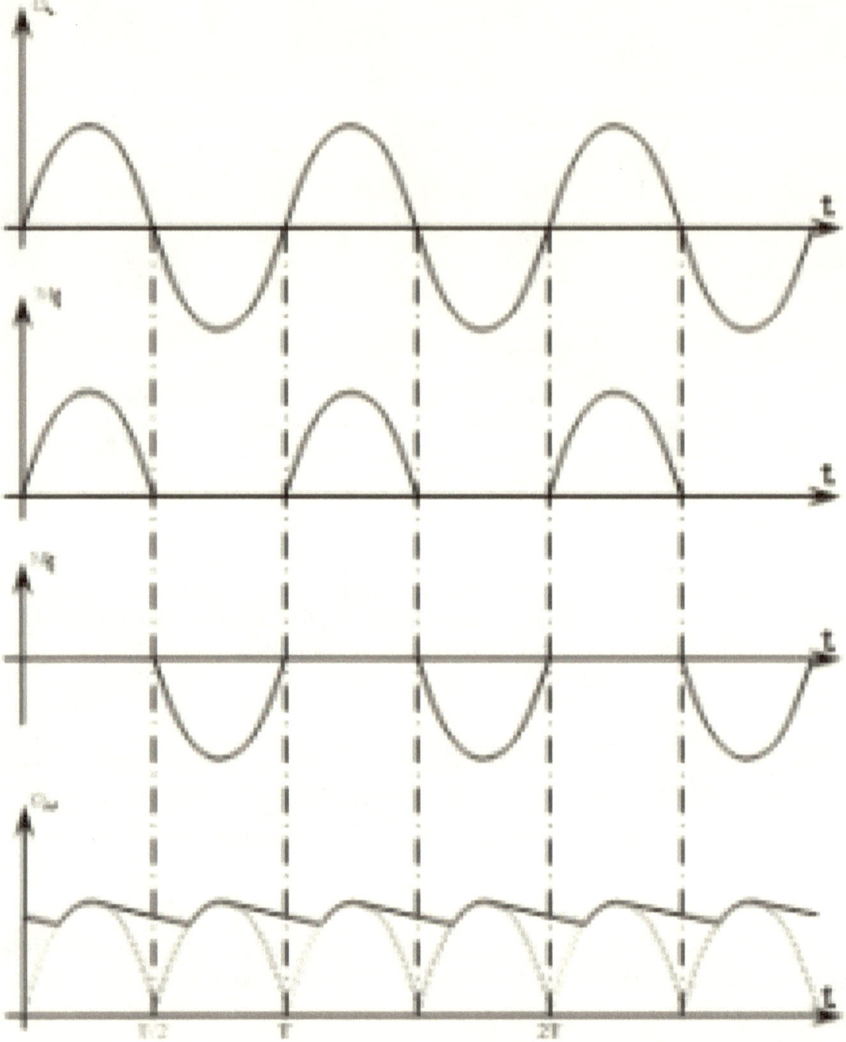

Рис. 13. Графики к рис.12. Ω_5 – угловая скорость оси 5;
M_2 – момент, приложенный к шестерни 2;
M_3 – момент, приложенный к шестерне 3;
Ω_{10} – угловая скорость ведущего вала 10;
Т – период вращения дебаланса.

Фото 6 (Май 2008г.)

В настоящее время не существует полного теоретичского описания работы устройств с использованием предлагаемого способа преобразования энергии. Специалистам ещё предстоит решить эту задачу. Одно очевидно, что понадобится, как минимум, уточнять фундаментальные знания об окружающем мире.

Для численных оценок средней мощности центробежного привода (без учёта сглаживания пульсаций маховиком и без учёта резонансных эффектов) можно воспользоваться следующими соотношениями.

Средняя мощность P_0 однополупериодного привода:

$$P_0 = 0{,}25 P_A \,. \tag{5}$$

Средняя мощность двухполупериодного привода:

$$P_0 = 0{,}5 P_A \,. \tag{6}$$

Средняя мощность прямого привода:

$$P_0 = 0{,}5 P_A \,. \tag{7}$$

$$P_A = n \cdot m \cdot \omega^3 \, r^2 \,, \tag{8}$$

где P_A - амплитудное значение мощности, n – количество дебалансов, m – масса одного дебаланса.

Одно и двухполупериодные приводы могут быть использованы непосредственно, взамен двигателей внутреннего сгорания. Прямой привод имеет самую простую конструкцию, но применение его для получения электроэнергии имеет свои трудности. В настоящее время для этих целей ещё не созданы соответствующие электрогенераторы. Дело в том, что угловая амплитуда колебаний вибратора незначительна, а для полного преобразования мощности вибрации в электрическую мощность необходимо, чтобы в генераторе за один период полюса ротора перемещались на всю ширину полюсов статора. Другими словами, электрогенератор должен иметь мелкий шаг полюсов. Эта проблема решаема. Генератор может быть выполнен на основе шагового двигателя, который является электромашиной обратимого типа. Наименьшая величина углового шага полюсов серийных машин достигает $0{,}3^\circ$.

Для потребителя энергии важными характеристиками являются величина мощности, которая может быть получена в одном агрегате, удельная мощность, по которой можно оценить его массу и сравнить с другими машинами аналогичного назначения. В центробежном приводе эти параметры в первую очередь зависят от прочности осей, на которых вращаются дебалансы и нагрузочной способности используемых подшипников.

В качестве теоретического примера, выполним численные оценки параметров привода, которые можно получить, используя технические данные выбранного подшипника.

Воспользуемся подшипником, производимым корпорацией «NTN».

Тип: NN3006, роликовый двухрядный, 30 × 55 × 19 мм.

Максимальная динамическая нагрузка: 3150 кг.

Максимальная статическая нагрузка: 3800 кг.

Максимальная скорость вращения: n = 16300 об/мин (вязкая смазка);

n = 19800 об/мин (масло).

Положим, что центробежная сила дебаланса распределяется между подшипниками на одной оси поровну, а её максимальная величина равна F = 2000 кг. Рабочую скорость вращения примем равной: n = 8000 об/мин; n = 12000 об/мин; n = 14000 об/мин. Массу дебаланса и радиус его инерции выберем следующим образом.

В серийно выпускаемых вибраторах, предназначенных для уплотнения грунтов и бетонных смесей, радиус инерции r центробежных масс выполняют, порядка нескольких сантиметров. Исходя из этого, примем величину r = 3 см. Тогда из соотношения для центробежной силы находим массу дебаланса, с учетом максимальной скорости вращения:

$$m = F/\omega^2 \cdot r = 2000 \cdot 9{,}81/(2\pi \cdot 14000/60)^2 \cdot 0{,}03 = 0{,}3 \text{ кг.}$$

Пользуясь исходными данными, дальнейшие вычисления выполним по формулам (5) – (8). Полученные результаты сведены в табл. 1.

Таблица 1

Скорость вращения: об/мин	Мощность привода, кВт. (Масса дебаланса m = 0,3 кг; радиус инерции r = 0,03 м.)		
	Однополупер. схема	Двухполупер. схема	Прямой привод
8000	79	159	159
12000	268	536	536
14000	425	851	851

Оценим необходимую мощность электродвигателя, предназначенного для вращения дебалансов.

В установившемся режиме мощность двигателя затрачивается на преодоление трения в подшипниках и в зубчатом зацеплении. Расчёт мощности потерь в подшипнике [27] производитель рекомендует выполнять по следующим формулам.

$$M_{TP} = 0{,}5k \cdot F \cdot d , \tag{9}$$
$$P_{\Pi} = 1{,}047 \cdot 10^{-3} \cdot M_{TP} \cdot n , \tag{10}$$

где $M_{\text{тр}}$ – момент трения (Н·см), $k = 0,001$ – коэффициент трения, F – полная нагрузка на подшипник (Н), d – диаметр отверстия в подшипнике (см), $P_{\text{П}}$ – мощность потерь (Вт), n – частота вращения (об/мин).

В примере нагрузка на подшипник равна F=1000·9,81=9810Н. Момент трения $M_{\text{тр}} = 0,5 \cdot 0,001 \cdot 9810 \cdot 3 \approx 15$ Н·см.

Мощность потерь в одном подшипнике

$P_{\text{П}} = 1,047 \cdot 10^{-3} \cdot 15 \cdot 14000 \approx 220$ Вт.

Всего подшипников 4 шт., поэтому потери в них будут 880 Вт. Потери в зубчатом зацеплении имеют такой же порядок. Общие потери составят примерно 2 кВт. Используем электродвигатель с трёхкратным запасом по мощности: 6 кВт, с верхним пределом номинальной скорости ротора – 14000 об/мин.

Напоминаем, что мощность, потребляемая двигателем из сети, является мощностью, которую потребляет сам привод. При этом мощность, которую привод выдаёт потребителю, показана в таблице. Весь диапазон мощностей обеспечивает одно и то же устройство, поэтому его удельная мощность различна на разных режимах. Наихудший показатель будет соответствовать нижней величине диапазона.

Для определения массы агрегата m_A, воспользуемся значением удельной мощности образца (фото 3), известной по результатам тестирования:

$p_{\text{уд}} = 260$ Вт/кг. Отсюда: $m_A = P_0 / p_{\text{уд}} = 79000/260 \approx 300$ кг.

В России были изготовлены и проверены в работе несколько вариантов устройств с использованием нового способа работы силового привода вращения. Первое, официальное тестирование устройства было выполнено в Австрии (Вена), причём – дважды.[*] Целью тестирования было сравнение выходной механической мощности устройства с его входной (потребляемой) мощностью.

В экспериментах использовалось устройство, аналогичное изображенному на фото 3, но изготовленное в Австрии (см. фото 5). Полная масса 24 кг.

Колеблющаяся масса равна 20 кг. Масса дебаланса 0,2кг. Радиус вращения центра масс дебаланса 0,02м. Передаточное число редуктора равно 1,6666.

Первое тестирование выполнено 28 января 2009г. Устройство устанавливалось на стенде горизонтально. Рабочее звено (звёздочка) фиксировалось короткой штангой, конец которой крепился к стенду. На штанге крепился тензометрический датчик 3, подключенный к измерительной аппаратуре.

В зависимости от приложенного момента, датчик показывал величину электрического напряжения, пропорциональную деформации короткой штанги.

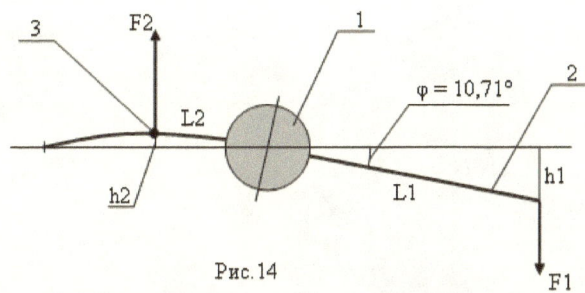

Рис.14

Схема эксперимента при первом тестировании

1 – привод, 2 – длинная штанга, 3 – датчик, L1= 565мм – длина штанги от оси привода, L2 = 152мм – расстояние от датчика до оси привода, h1 = 105мм – смещение конца штанги 2 под действием контрольной силы F1= 77Н (7,85кг), h2 – смещение датчика 3 под действием контрольной силы F1, F2 – сила, приложенная в точке крепления датчика, φ – угол поворота конца штанги 2 под действием контрольной силы F1, М = 42,75 Нм – момент, приложенный к концу штанги 2.

Калибровка измерительной аппаратуры выполнялась по схеме на рис. 14. При этом получены следующие исходные данные.

Контрольный момент силы на конце штанги 2 равен М = 42,75Нм.

Контрольное напряжение датчика 3 равно U = 3,8 вольт.

Коэффициент пересчёта, напряжение/момент, равен $k_M = 0,088$ в/Нм.

Моменту М соответствует работа

Е = М·φ = 42,75·2π·10,71/360 = 7,991 Дж.

Коэффициент пересчёта, напряжение/работа, равен $k_E = 0,475$ в/Дж.

Мощность колебания звёздочки равна

$$P_{эксп} = U·f/k_E ,\qquad\qquad\qquad (11)$$

где U – напряжение на выходе датчика (в), f – частота крутильных колебаний звёздочки (гц).

Измерения выполнены для пяти значений частоты. Результаты сведены в таблицу 2, графики на рис.15.

Фото 7. Обсуждение эксперимента (Австрия, Вена. Февраль 2009г.) Слева —
автор изобретения, Линевич Э. И.; справа — переводчик и партнёр
Линевича, Ежов А. Ф.

№	U	I	$P_{вх}$	f	M	M_E	P	$P_{эксп}$
1	4,9	6	29,4	15,38	7,47	1,31	36	4,0
2	8	8	64	22,16	15,5	93,06	108	386
3	8,5	10	85	25,19	20,0	93,06	159	438
4	9,7	12	116,4	25,79	21,0	94,19	170	454
5	10	14	140	26,04	21,4	198	175	965

Таблица2

U – напряжение питания, V. I – сила потребляемого тока, А. $P_{вх}$ – потребляемая
мощность, Вт. f – частота вибрации звёздочки, гц. M_E – момент, измеренный на
выходе, Н·м. М – момент на выходе, рассчитанный по измеренной частоте f, Н·м.
Р – мощность вибрации на выходе устройства, теорет. расчёт, Вт.
$P_{эксп}$ – мощность, измеренная на звёздочке, Вт.

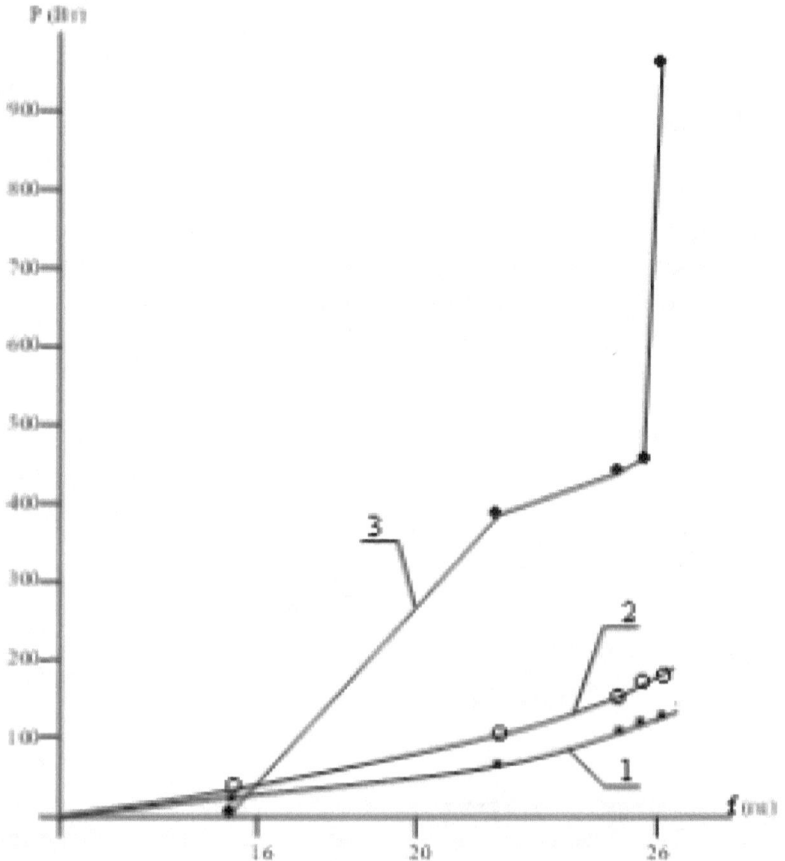

Рис.15. Графики к таблице 2, зависимость
мощности Р от частоты колебаний f:
1 - $P_{ВХ}$; 2 - Р, теоретический расчёт; 3 - $P_{ЭКСП}$.

Частота f задавалась скоростью вращения ротора электродвигателя, посредством изменения напряжения его питания. Увеличение частоты колебания более 26 гц, привело к разрушению стенда.

Второе тестирование выполнено 5 февраля 2009г. Место и схема эксперимента, прежние. Прочность штанги и стенда были увеличены.

При калибровке измерительной схемы (рис. 16) получены следующие исходные данные.

Контрольный момент силы на конце штанги 2 равен М = 228,2 Нм.

Контрольное напряжение датчика 3 равно U = 5,3 вольт.

Коэффициент пересчёта, напряжение/момент, равен k_M = 0,0232 в/Нм.

Моменту М соответствует работа Е = М·φ = 228,2·2π·14,5/360 = 57,75 Дж.

Коэффициент пересчёта, напряжение/работа, равен k_E = 0,0918 в/Дж.

Теоретический расчёт мощности выполнен по формуле (5), Измеренная мощность вычислялась по формуле (11).

Результаты сведены в таблицу 3, графики на рис. 17.

При этом: 1 – $P_{вх}$; 2 – Р; 3 – $P_{эксп}$.

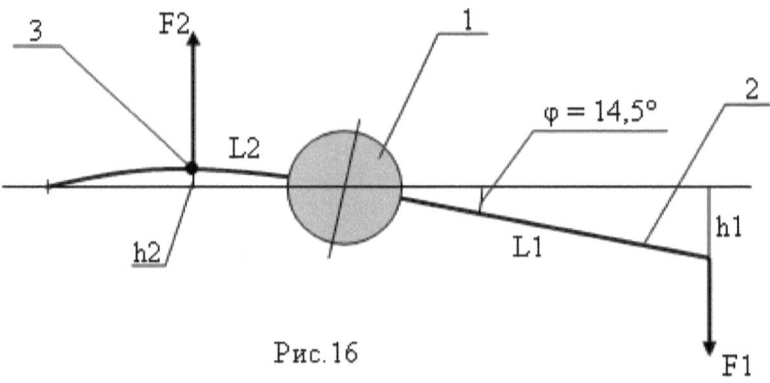

Рис. 16

Схема эксперимента при втором тестировании

1 – привод, 2 – длинная штанга, 3 – датчик, L1= 1160мм – длина штанги от оси привода, L2 = 153мм – расстояние от датчика до оси привода, h1 = 291мм – смещение конца штанги 2 под действием контрольной силы F1= 196,69Н, h2 – смещение датчика 3 под действием контрольной силы F1, F2 – сила, приложенная в точке крепления датчика, φ – угол поворота конца штанги 2 под действием контрольной силы F1, М = 228,2 Нм – момент, приложенный к концу штанги 2.

№	U	I	$P_{вх}$	f	M_e	M	P	$P_{эксп}$
1	3,15	5	15,8	6,6	6,8	1,38	11,4	11,5
2	6,6	8	52	17,86	35,9	10,1	56,5	165
3	16,7	10	167	57,47	345	104,3	1883	5108
4	18	12	216	59,52	389,7	111,9	2092	5965
5	18,6	14	260	60,24	382,9	114,6	2169	5932
6	18,7	16	299	58,82	369,3	109,3	2019	5587
7	19,1	18	344	58,14	410	106,8	1950	6131
8	19,3	20	386	58,14	406,6	106,8	1950	6080
9	19,6	22	431	57,47	416,8	104,3	1883	6160
10	17,3	24	415	47,17	372,7	70,3	1041	4522
11	18,2	26	473	64,94	267,7	133,2	2717	4471
12	27	19	513	92,6	267,7	270,8	7878	6375
13	28	18,25	511	96,15	227	292	8820	5614

Таблица 3

U – напряжение питания, в.

I – сила потребляемого тока, А

$P_{вх}$ - потребляемая мощность, Вт

f – частота вибрации звёздочки, гц

M_e – момент, измеренный на выходе, Н·м

M – момент на выходе, расчитанный по измеренной частоте f, Н·м

P – мощность колебаний на звёздочке, теорет. расчёт, Вт.

$P_{эксп}$ - измеренная мощность на звёздочке, Вт.

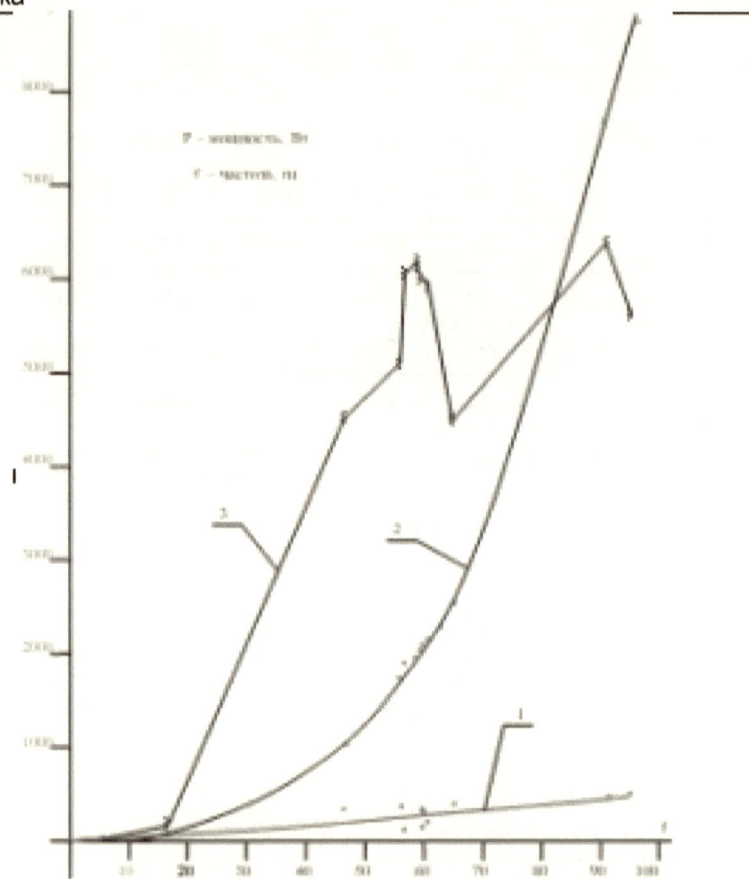

Рис. 17. Графики к таб.3, зависимость мощности от частоты колебаний f: 1– P$_{вх}$; 2 – P, теорет. расчёт; 3 - P$_{эксп}$.

Фото 8. Устройство во время тестирования на стенде. С целью сохранения «ноу-хау», часть устройства закрыта кожухом.

Фото 9. На стоп-кадре измерительного осциллографа видно, что синусоида искажена.

На ход экспериментов накладывались резонансные эффекты. На это, в частности, указывает фото 9 и большое расхождение между теоретическим расчётом по формуле (5) с измеренными значениями. Кроме того, на втором тестировании, при измерениях на последних двух точках, электродвигатель стал чрезвычайно стремительно набирать обороты (словно с невидимых тормозов срывался). Это сопровождалось, в том числе, резким усилением частоты звукового тона. Чтобы не допустить разрушение установки, приходилось экстренно выключать электропитание. При этом динамику потребления мощности электродвигателем проконтролировать не удалось. На конечной точке (96,15гц) зафиксированы параметры в начальный момент последнего измерения.

У автора имеется предположение, которое требует экспериментальной проверки. Начиная с некоторой граничной частоты должен возникать резонансный саморазгон механической системы. Чем выше качество подшипников и зубчатой передачи (меньше потери), тем ниже граничная частота саморазгона. Причина его, в возможном существовании положительной обратной связи между вращением дебалансов, вращением корпуса устройства и сопротивлением нагрузки. При саморазгоне потребляемая мощность должна уменьшаться, а мощность на выходе (на звёздочке) – увеличиваться. С новым электродвигателем 1FK7022 («Simens») массой 2 кг, получены рабочая частота колебаний звёздочки, равная 169,4 гц и момент 900 Нм. При этом потребляемая мощность составила всего лишь 320 Вт.

Тестирование устройства подтвердило его главное свойство – полезная мощность на выходе превышает потребляемую мощность.

* - Institut für Mechanik und Mechatronik
    Abteilung Messtechnik und Aktorik
    TU-Wien/E325/A4
    Wiedner Hauptstrasse 8-10
    A-1040 Wien

Фото 10. Центробежный накопитель энергии и мощности (первый действующий образец, октябрь 2007г.)

Литература

1. Патентная заявка РФ, «Способ работы силового привода вращения и электростанция для его осуществления» RU2008105388, 12.02.2008 (владелец лицензии «Permotors GmbH»).

2. Международная патентная заявка, PCT/RU2008/000631, 02.10/2008 (владелец лицензии «Permotors GmbH»).

3. Киттель Ч., Найт В., Рудерман М. МЕХАНИКА. – Берклеевский курс физики, перевод с английского. Москва: «Наука» 1983.

4. Яблонский А.А. Курс теоретической механики. Ч. II. Динамика. – Москва: «Высшая школа» 1971.

5. Линевич Э.И. Явление антигравитации физических тел (ЯАФТ). – Хабаровск: ПКП "Март".1991. 20с. (Россия).

6. Линевич Э.И. Геометрическое обоснование эксперимента Хаясака – Такеучи с вращающимися роторами.– Доклад на 2-ой СНГ Межнаучной конференции "Единая теория мира и ее практическое применение". 20 – 21 сентября 1993г., Петрозаводск. (Россия).

7. Линевич Э.И. Динамическая симметрия вселенной. – Природа и аномальные явления. Владивосток. 1995. № 1 - 2, с.6. (Россия).

8. Золотарев В.Ф., Шампев Б.Б. Физика квантованного пространства – времени. Часть 1. Издательство Саратовского университета. 1992. 104с. (Россия).

9. Золотарев В.Ф., Шампев Б.Б. Физика квантованного пространства – времени. Часть 2. Издательство Ульяновского политехнического института. 1993. 100с. (Россия).

10. Черняев А.Ф. Инерция – движение взаимодействия. Москва. 1992. 84с. (Россия).

11. Kishkintsev V.A. The Eotvos Correction Applied to the Thermal Motion of Gas Molecules. Galilean Electrodynamics, V. 4. #3. 47 – 50. 1993.

12. Горизонты науки и технологий 21 века. Сборник Трудов под общей редакцией акад. РАЕН Акимова А.Е. Труды том I. Москва,2000.

13. Линевич Э.И. Гравиинерционный двигатель. Патент RU 2080483, 04.05.1994.

14. Туканов А.С. Двигатель векторной тяги// "Новая энергетика" №4, 2003, с.13.

15. Hayasaka H., Takeuchi S. Phys. Rev. Lett. 1989. V. 63. 25. P. 2201 – 2704.

16. Макухин С.С. Неизвестные особенности механики // Гравитон №7, 2001, с.3, 9.

17. Сенкевич В.Е. Инерционный движитель // "Новая энергетика" №2, 2003, с. 49.

18. Forward, R.L. "Far Out Physics", Analog Science Fiction/Sciense Fact, Vol 95. Aug. 1975. P. 147 – 166.

19. Forward, R. L. "Negative Matter Propulsion", AIAA Paper 88 – 3168, July 1988.

20. Линевич Э.И. "Антигравитационное устройство". Материалы 2-го Всесоюзного симпозиума "Перестройка естествознания" //- Москва-Волгодонск. 1991.

21. Толчин В.Н. Инерцоид. - Пермь: Пермское книжное издательство. 1977.

22. Linevich E. I. On basics of potential dynamics // «New Energy Technologies» #2, 2005, p.44 - 48.

23. The patent application of the USA, the publication: US2005/0169756 A1, Aug. 4, 2005.

24. Bonnor W.B. "Negative Mass in General Relativity", General relativity and gravitation, Vol. 21, 1989, p. 1143.

25. Линевич Э.И. О технической возможности управления темпом времени // «Гравитон» №8, 2002, с.10-11

26. Линевич Э.И. «Третий закон Ньютона не выполняется для неуравновешенного тела с вращательным колебанием» // - «Гравитон» №12, 2005, с. 9.

27. Подшипники качения: Справочник-каталог / Под ред. В.Н. Нарышкина и Р.В. Коросташевского. – М.: Машиностроение, 1984.

28. Смольяков Э.Р. Нелинейные законы движения и обоснования движения инерцоидов// Доклады А. Н. – 2003.- Т.393. №6.-с.770 – 775.

29. Артоболевский И.И. Теория механизмов, 2 изд., М.: 1967.

30. Линевич Э. И. Грузоподъёмное устройство, а. с. СССР № 650977, 24.01.1977.

31. Божидар Джорджев «Генератор безопорного крутящего момента» // - «Новое время», 25-27 сентября 2008, Севастополь, Украина, с. 1 -2.

32. Von Felix Wurth, Bad Konigshofen. Fliehkraft – Energiequelle, «Raum & Zeit», 124/2003, p. 16 – 19.

33. Пузанов Б. И. «Энергия центробежных сил инерции»:
http://swm-free.front.ru/energy/1.html

34. Сайт Линевича Э.И.   http://www.dlinevitch.narod.ru/phis.htm

35. Изобретения Феликса Вюрта:
http://www.aladin24.de/htm/wuerthGetriebe.htm

ОБЪЯВЛЕНИЯ

Хмельник С.И.

Конструирование летательных аппаратов на основе эффекта Бифельда-Брауна

Известен так называемый эффект Бифельда-Брауна (Biefield-Brown Effect), состоящий в том, что плоский конденсатор, находящийся под высоким постоянным напряжением, имеет тенденцию к движению в сторону положительного полюса [1-4]. – см. рис. 1.

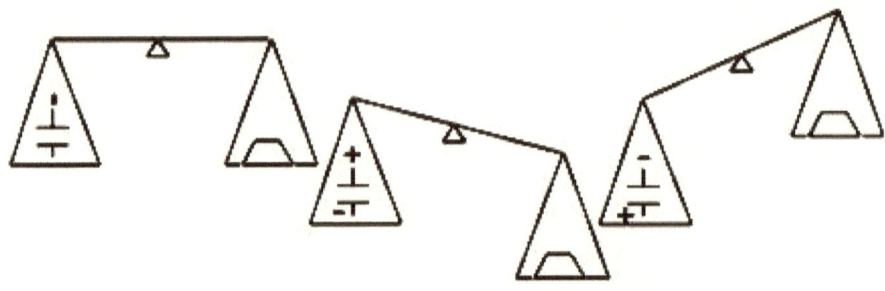

Рис.1. Изменение веса конденсатора в зависимости от полярности приложенного к нему напряжения.

В [1] приведены обстоятельное описание и анализ этого эффекта и приведены многочисленные ссылки по теме. Там же рассмотрено и проанализировано несколько известных гипотез о природе этого эффекта. При этом показано, что все эти гипотезы по тем или иным причинам оказываются недостаточными для полного объяснения этого эффекта. Кроме того, все эти гипотезы используют новые, не общепринятые представления о физических явлениях.

Автором предлагается объяснение природы сил, движущих конденсатор, в рамках существующей физической парадигмы. Объяснение основано на применении обнаруженного автором вариационного принципа экстремума в электромеханических и электродинамических системах [5]. Показано, что эти силы могут быть найдены из решения уравнений Максвелла. Предлагается также метод и программы расчета этих сил. Метод позволяет найти оптимальную конфигурацию конденсатора, при которой отношение силы к площади конденсатора становится максимальным. Показывается, что существующие материалы позволяют конструировать практически реализуемые конструкции.

В частности, сила давления (измеряемая в ньютонах) на положительную пластину конденсатора извне определяется как

$$F = 3 \cdot 10^{-9} SU^2 \varepsilon_m ,$$

где $S[\text{м}^2]$ - площадь конденсатора, $U[\text{В}]$ - постоянное напряжение на конденсаторе, ε_m - относительная диэлектрическая проницаемость диэлектрика в конденсаторе.

Пример 1. Для диэлектрика-оргстекла (плексиглас) при $\varepsilon_m = 3.5,\ S = 1\text{м}^2$ имеем: $F = 10^{-8}U^2$ н. В частности, $F = 1\text{н/м}^2$ при U=10 000в, $F = 100\,\text{н/м}^2$ при U=100 000в.

Пример 2. Для керамического диэлектрика (керамика [6]) при $\varepsilon_m = 35000,\ S = 1\text{м}^2$ имеем: $F = 10^{-4}U^2$ н. В частности, $F = 1\text{н/м}^2$ при U=100в, $F = 100\,\text{н/м}^2$ при U=1000в.

Толщина диэлектрика определяется по величине пробойного напряжения для данного материала.

Возможность безопорного движения объясняется тем, что заряды конденсатора взаимодействуют с электрическим полем конденсатора. То, что заряд и созданное им поле, являются автономными и независимыми объектами (а не единым объектом), показано еще Фарадеем.

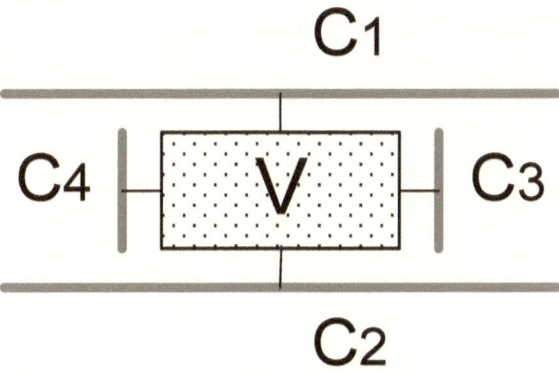

Рис.2. Простейшая конструкция.

Несимметричность конденсатора объясняется в предложенной теории взаимной несимметрией отрицательных зарядов (электронов) и положительных зарядов (ионов), размеры которых отличаются на несколько порядков.

На рис. 2 показана принципиальная схема простейшей конструкции, где

V – бортовой высоковольтный источник постоянного напряжения,

С - плоские конденсаторы.

Направление перемещения конструкции регулируется включением того или иного конденсатора и полярностью напряжения, приложенного к нему.

Подробнее см. на сайте http://la.mic34.com/

Литература

1. Карагодин Д.А. Электрогравитация Т.Т. Брауна, НИГ «Челябинск-Космопоиск», 11.06.2007 г., http://antigov.org/content/view/55/36/

2. "Взлетает и левитирует!" http://www.gazetangn.narod.ru/archive/ngn0216/fly.html

3. Измерение эффекта Бифельда-Брауна http://physics.nad.ru/newboard/themes/16605.html

4. Эффект Бифельда-Брауна http://primeinfo.net.ru/news280.html

5. Хмельник С.И. Вариационный принцип экстремума в электромеханических и электродинамических системах. Publisher by "MiC", printed in USA, Lulu Inc., ID 1769875, Израиль, 2008, ISBN 978-0-557-04837-3.

6. Найдено вещество с гигантским значением диэлектрической проницаемости, http://elementy.ru/news?discuss=430926&return=1

Авторы

Адаев Уалихан Жолдасбекович, *Казахстан*
aydosbaba@yahoo.com

Живу в городе Шымкент. Окончил Казахский химико-технологический институт в 1983 году по специальности инженер-строитель. В настоящее время занимаюсь малым бизнесом. Область интересов - исследование природы и механизма образования гравитации, ее влияния на такие природные явления, как землятресение, цунами, вулканы и образования погодных условий. В своих исследованиях, с точки зрения влияния гравитации, объясняю вращение планет вокруг собственной оси, их движения по орбите, образование орбит. На все указанные природные явления имею собственную точку зрения, отличающуюся от традиционных.

Колесник Руслан Эрикович, *Молдавия.*
rek01@mail.ru

Окончил ЛГУ в 1984 г.
Кандидат физико-математических наук.

Линевич Эдвид Иванович, *Россия*

edvid@mail.ru

1949 г.р. Окончил Дальневосточный Государственный Технический Университет. Работал в 1977 – 1985 г.г. на исследовательских кораблях ДВНИГМИ (Дальневосточный Научно-исследовательский Гидрометеорологический Институт); в 1985 – 1994 г.г. – на авиазаводе №13014; в 1995 – 2005 г.г. - Главным Инженером-энергетиком тепличного комбината.

В настоящее время – пенсионер.

Области профессиональной деятельности: гидрология моря до глубины 6км; аэрология до высот 100км; ракетная техника; исследование радиоизотопного состава среды; радиоэлектроника; электротехника.

Участник спецрейсов в 1973 – 1974г. в район атолла Мороруа (Тихий океан) для изучения ядерных взрывов в атмосфере (Франция).

Автор более 50 заявок на изобретения.

Фелкер Лоренс Г., *США.*

Laurence G. Felker, Reno, Nevada, USA

Хмельник Михаил Ицкович, *Израиль*.
solik@netvision.net.il

Доктор физико-математических наук. Научные интересы –гидродинамика, теория фильтрации, ток в газах, математика. Имеет около 120 научных статей. Подготовил ряд кандидатов и докторов наук. Много лет работал доцентом, а затем профессором Московского государственного университета печати.

Много лет был ученым секретарем семинара по гидродинамике при Институте проблем механики АН (СССР, а затем РФ), ученым секретарем секции физики Московского общества испытателей природы при МГУ. Почетный профессор Кыргызского государственного университета строительства, транспорта и архитектуры.

Хмельник Соломон Ицкович, *Израиль*.
solik@netvision.net.il

К. т. н., научные интересы – электротехника, электроэнергетика, вычислительная техника, математика. Имеет около 200 изобретений СССР, патентов, статей, книг. Среди них – работы по теории и моделированию математических процессоров для операций с различными математическими объектами; работы по новым методам расчета электромеханических и электродинамических систем; работы по управлению в энергетике.

Эккард Хорст, *Германия*.

Horst Eckraft, Munich, Germany.

www.ingramcontent.com/pod-product-compliance
Lightning Source LLC
Chambersburg PA
CBHW030930180526
45163CB00002B/515